In der 2. Klasse

1 a Welche Kinder sitzen an ihrem Tisch rechts? Kreise sie mit roter Farbe ein.

b Jetzt bist du die Lehrerin oder der Lehrer und stehst hinter dem Pult.
Welche Kinder sitzen an der rechten Seite des Tisches?
Kreise sie mit Bleistift ein.

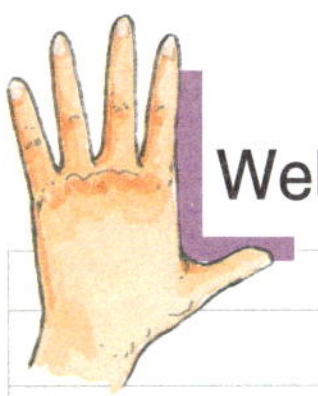

2 Welche Kinder aus deiner Klasse sitzen an ihrem Tisch links?

3 Auf welcher Seite an ihrem Tisch sollten Linkshänder sitzen?

Kreuze richtig an: ☐ links ☐ rechts

Begründe:

Alles bearbeitet? Dann darfst du diese Ecke anmalen und ausschneiden und auf Seite 72 einkleben. →

Meine Rechentricks

Manchmal helfen verschiedene Tricks.

1 a

8+8= ___	7+8= ___
8+9= ___	4+3= ___
6+6= ___	5+4= ___
6+7= ___	6+5= ___
12 13 16 17	7 9 11 15

b

7+7= ___	5+5= ___
14−7= ___	10−5= ___
4+4= ___	9+9= ___
8−4= ___	18−9= ___
4 7 8 14	5 9 10 18

2 a

4+ ___ =10	10+2= ___
9+ ___ =10	10+6= ___
2+ ___ =10	10+9= ___
3+ ___ =10	10+3= ___
1 6 7 8	12 13 16 19

b

6+9= ___	4+7= ___	3+8= ___
5+7= ___	6+8= ___	4+9= ___
7+5= ___	3+9= ___	2+9= ___
9+4= ___	5+8= ___	9+6= ___
12 12 13 15	11 12 13 14	11 11 13 15

3 a

14− ___ =10	10−7= ___
17− ___ =10	10−9= ___
11− ___ =10	10−3= ___
18− ___ =10	10−2= ___
1 4 7 8	1 3 7 8

b

12−7= ___	13−5= ___	11−5= ___
11−4= ___	15−7= ___	13−7= ___
17−8= ___	17−9= ___	12−4= ___
16−9= ___	12−9= ___	15−6= ___
5 7 7 9	3 8 8 8	6 6 8 9

4

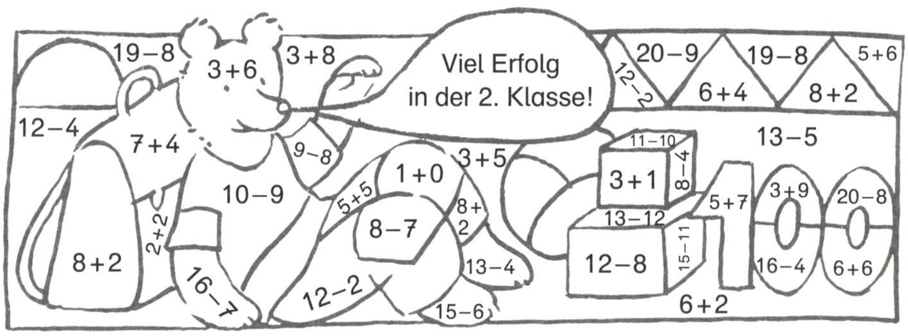

Farbe	Zahl
rot	1
gelb	4
hellblau	8
braun	9
grün	10
blau	11
schwarz	12

5 Finde zu jedem Rechentrick ein weiteres Beispiel. Schreibe es daneben.

Verdoppeln und dann weiterrechnen!

8+9= ___ ___ + ___ = ___

(8+8)+1= ___ (___ + ___)+ ___ = ___

16

Der (+9) (−9) Rechentrick!

16−9= ___ ___ − ___ = ___

16−(10+1)= ___ (___ − ___)− ___ = ___

9 9

Bis zur 10, dann weitergeh'n!

6+9= ___ ___ + ___ = ___

(6+4)+5= ___ (___ + ___)+ ___ = ___

10 10

Zur 10 zurück, dann noch ein Stück!

12−7= ___ ___ − ___ = ___

(12−2)−5= ___ (___ − ___)− ___ = ___

10 10

6

+	7	3	1	4	6		
2				6			
12					18		
3						5	
13							18

−	2	8	5	3	4		
8				5			
18					14		
10						4	
20							20

7 Verwandte Aufgaben: Rechne (T) Tauschaufgabe und (U) Umkehraufgabe.

4 + 15 = ___ (T) → 15 + 4 = ___
(U) ___ − 15 = 4   (U) ___ − 4 = 15

3 + 15 = ___ (T) → ___ + ___ = ___
(U) ___ − ___ = ___   (U) ___ − ___ = ___

___ + 7 = 16 (T) → ___ + ___ = ___
(U) ___ − 7 = ___   (U) ___ ◯ ___ = ___

___ + 9 = 12 (T) → ___ + ___ = ___
(U) ___ ◯ ___ = ___   (U) ___ ◯ ___ = ___

8 Rechne und überprüfe.

6 + ___ = 9 (9, 9)	8 − ___ = 3	9 + ___ = 15	15 − ___ = 9
8 + ___ = 11	14 − ___ = 7	___ + 7 = 13	___ − 9 = 7
___ + 5 = 12	___ − 4 = 8	___ + 8 = 14	___ − 5 = 8
10 = ___ + 5	6 = ___ − 4	16 = ___ + 1	8 = ___ − 4

9 Finde zu jedem Rechentrick ein weiteres Beispiel. Schreibe es daneben.

Die kleine Aufgabe hilft!
12 + 7 = 19   ___ + ___ = ___
denn   denn
2 + 7 = 9   ___ + ___ = ___

(T)auschaufgabe: Große Zahl nach vorn!
4 + 15 = ___   ___ + ___ = ___
___ + ___ = ___   ___ + ___ = ___

Ist der Platz ganz vorne leer, rechne ich von hinten her – die (U)mkehraufgabe!
___ + 7 = 16   ___ + ___ = ___
16 − 7 = ___   ___ − ___ = ___

Setzt du ein (=) Zeichen ein, muss links und rechts das Gleiche sein!
6 + ___ = 9 (9, 9)   ___ ◯ ___ = ___ (9, 9)

1 Blitzgescheit in kurzer Zeit!

6+7= 13 C	10+8= ___ T	20−1= ___ E	7+ ___ =15 N	___ −8=12 N
11−9= ___ E	20−4= ___ C	10−7= ___ C	19− ___ =12 E	___ +9=15 H
3+8= ___ E	8+9= ___ H	3+9= ___ S	13+ ___ =13 R	___ −4=11 I
			14− ___ = 5 G	___ +3=17 H

									C							
0	2	3	6	7	8	9	11	12	13	14	15	16	17	18	19	20

2 Jede Aufgabe besteht aus 3 Teilen. Erzähle und rechne.

= €

+ 5 €

~~8 €~~

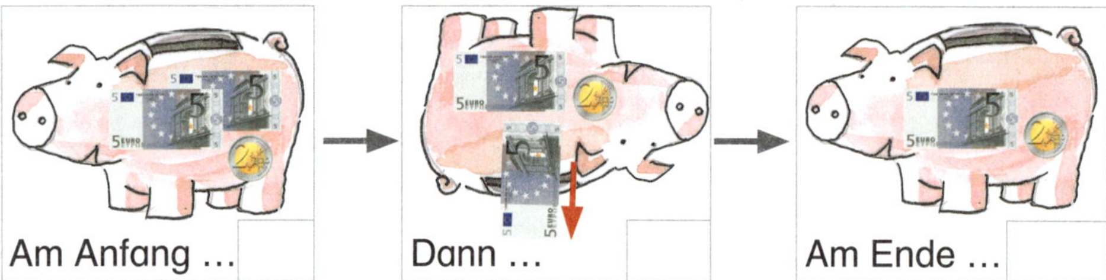

12 €

= €

− 5 €

3 Die Bilder sind durcheinander. Beschrifte sie: Am Anfang …, Dann …, Am Ende …

9 €

+ 10 €

= 19 €

15 €

− 10 €

= 5 €

Viele Rechengeschichten haben diese Reihenfolge. Erzähle sie so:

Am A ______ D ______ Am E ______

4 Lies genau! Berichtige den Fehler. Rechne und antworte.

Am Anfang hat Luisa 12 Cent.

Dann kauft sie einen Stift für ___ Euro.

Am Ende hat sie nur noch 9 Euro.

Frage: Wie viel Geld kostete der Stift?

Rechnung: ______________________

Antwort: ______________________

5 a) Lies genau!
Moritz bekommt 11 € Taschengeld. Nun hat er 2 €.
Wie viele Euro hatte er zuvor?

b) Berichtige die Rechengeschichte. Beginne die Sätze so:

Am Anfang ______________________

Dann ______________________

Am Ende ______________________

Frage: ______________________

R ______________________

A ______________________

6

11 – ___ N = 4	7 + 9 = ___ H	10 – 9 = ___ A	___ R + 3 = 12
___ Z – 9 = 8	___ C + 5 = 20	9 + ___ R = 9	___ Ä – 6 = 7
6 + ___ K = 14	20 – 1 = ___ E	12 – ___ B = 10	17 + ___ E = 20

0	1	2	3	7

8	9	13	15	16	17	19	
							N.

Geometrische Körper

1 Male richtig an.

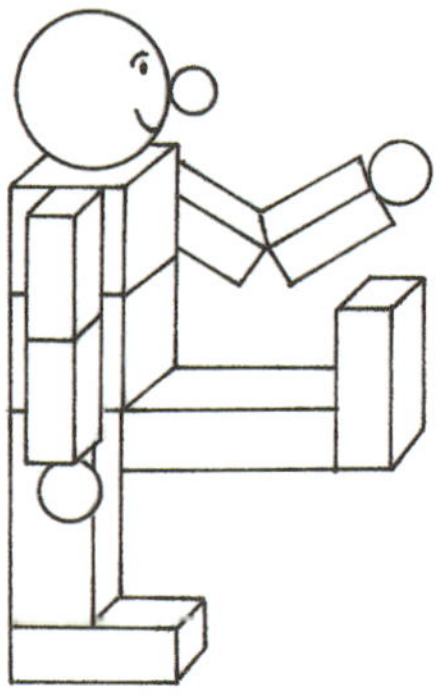

Kugel
Würfel
Quader

Der Quader ist ein Körper.
Das Quadrat ist platt.

2 Welche Geschenke können das sein?

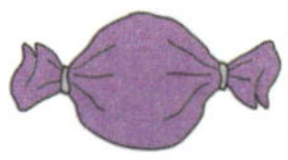

3 Welches Kind sieht die Schachteln so? Schreibe zu jedem Bild den Namen.
Male die Flächen richtig aus.

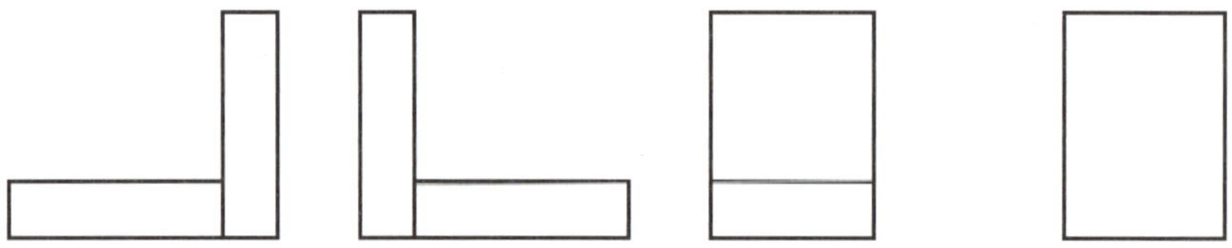

4 Setze ein: vorne, hinten, links, rechts. Male die Flächen richtig aus.

a

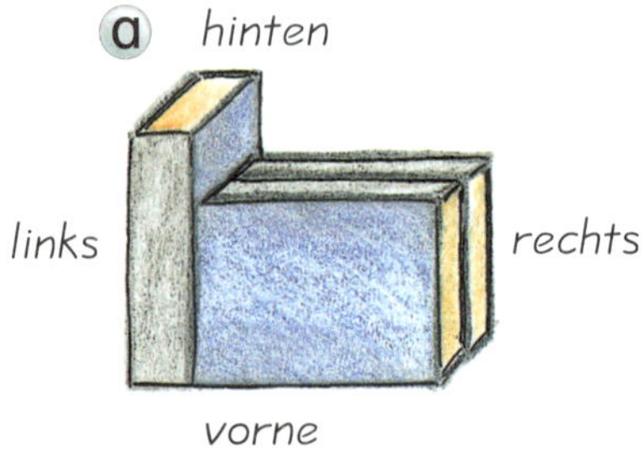

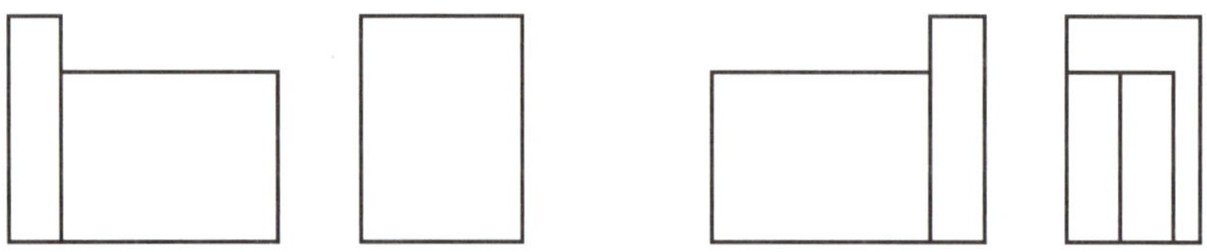

b

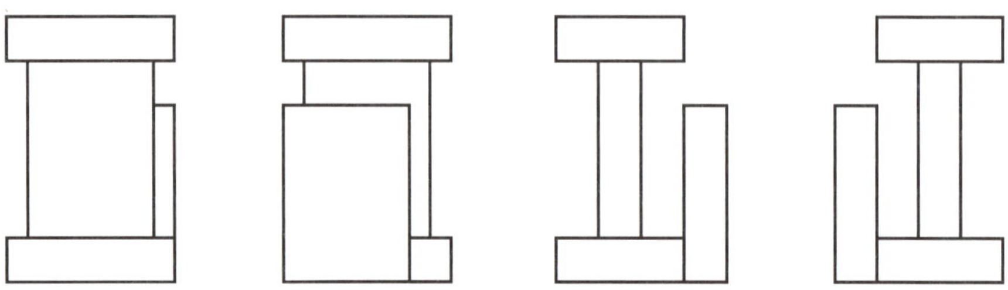

Mit Schachteln bauen

1

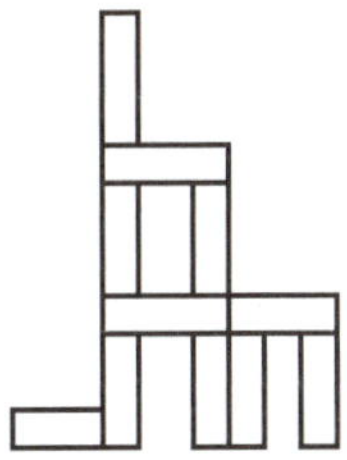

von

vorne

von

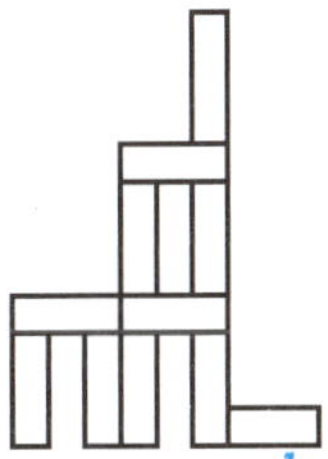

von

von

2 Ergänze die Baupläne.

a

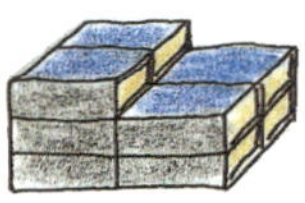

3	2

b

	1	

c

d

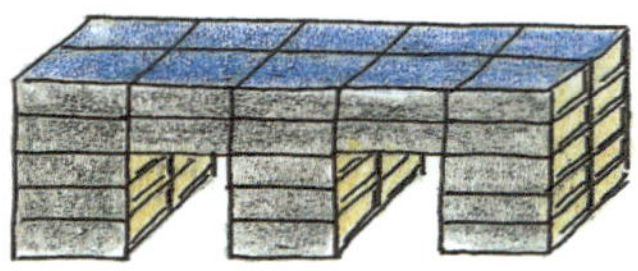

e

f

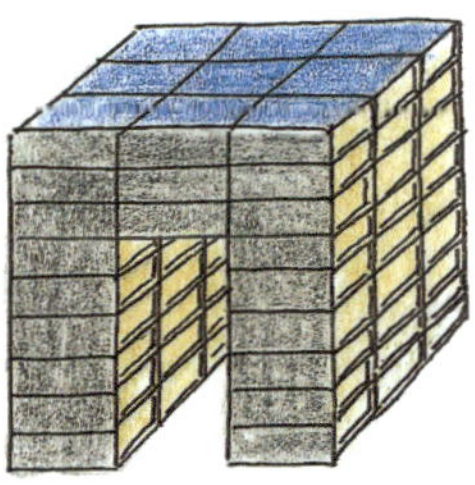

g

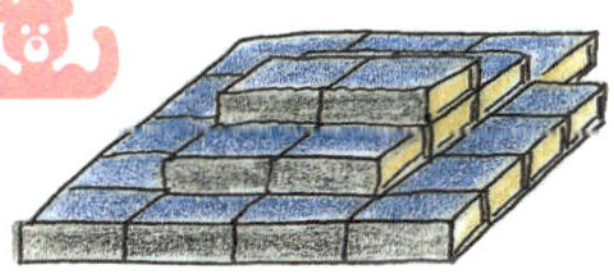

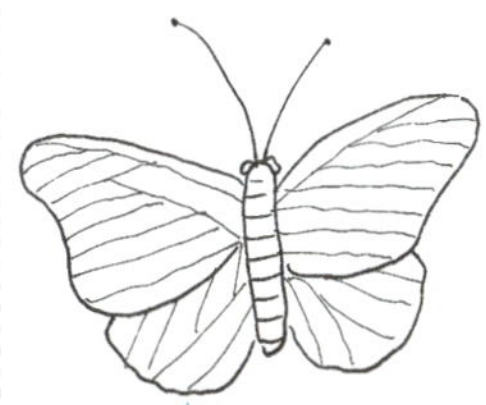

Schätzen und zählen

MB Seiten 16, 17

1 Wie viele **Z**ehner, wie viele **E**iner? Erst schätzen, dann zählen!

geschätzt: ____ Z ____ E

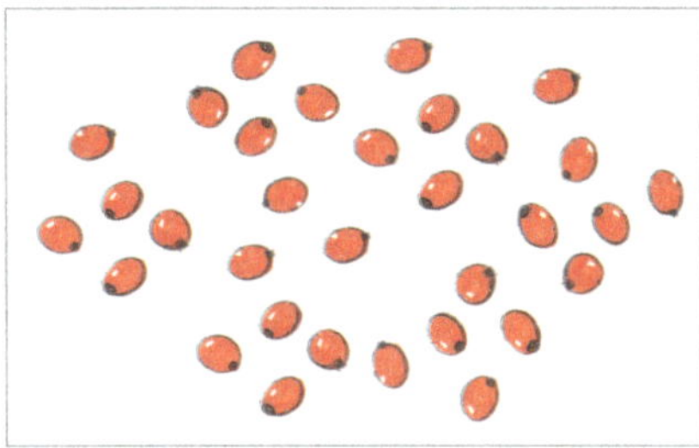

gezählt: ____ Z ____ E

geschätzt: ____ Z ____ E

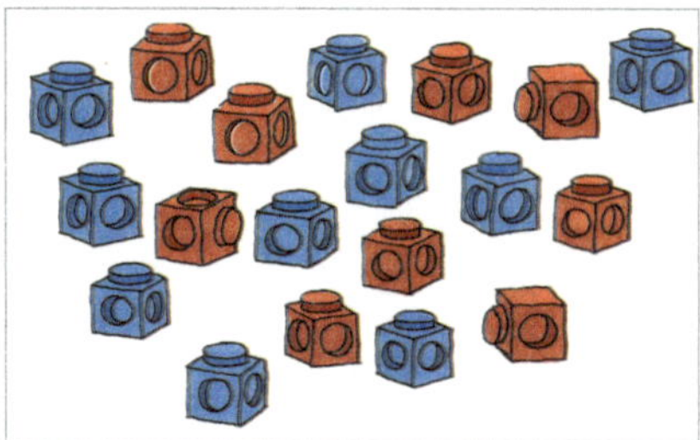

gezählt: ____ Z ____ E

geschätzt: ____ Z ____ E

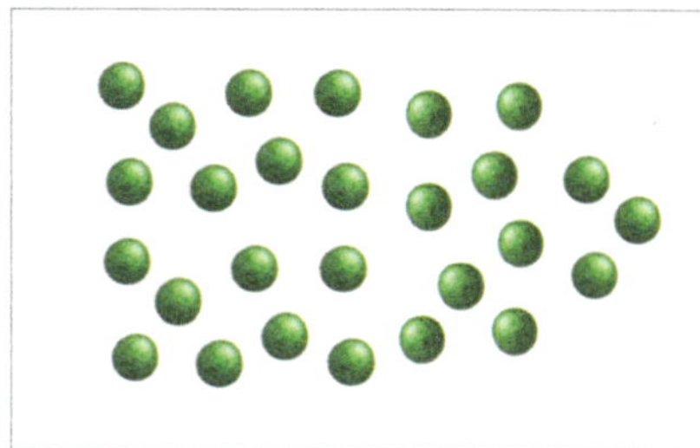

gezählt: ____ Z ____ E

geschätzt: ____ Z ____ E

gezählt: ____ Z ____ E

geschätzt: ____ Z ____ E

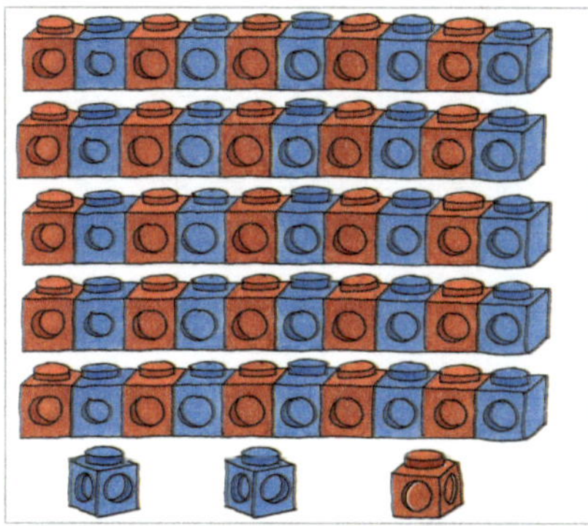

gezählt: ____ Z ____ E

geschätzt: ____ Z ____ E

Bastel-
anleitung für
10er-Schachteln
Mein Mathebuch
S. 14.

gezählt: ____ Z ____ E

Geordnete Mengen kann ich leichter schätzen und zählen:

2er-Ordnung 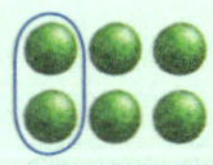

5er-Ordnung 

____ er-Ordnung 

2 Schreibe **immer** zuerst die **Z**ehner, dann die **E**iner.

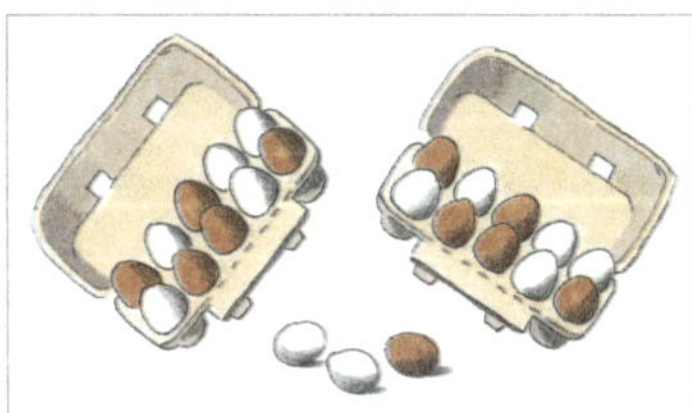

____ Z ____ E

____ Z ____ E

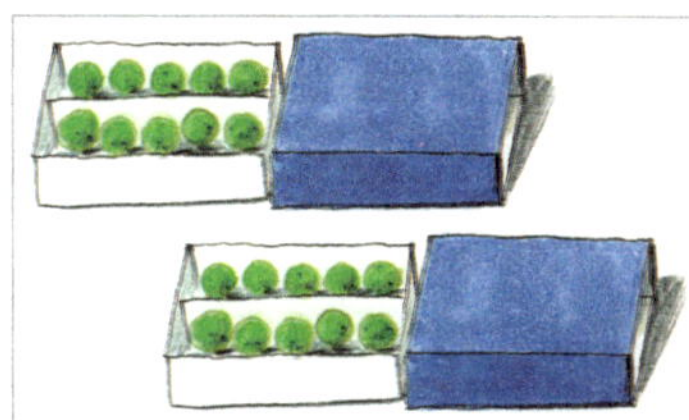

____ Z ____ E

1 Z 4 E

4 Z 1 E

3 Z 0 E

Zahlen malen, sprechen und schreiben

1 

□ Z □ E

▮▮▮ ●●●●	▮▮▮▮ ●●●●●●●	▮▮ ●●●●●●●●	● ▮▮▮▮
□ Z □ E	□ Z □ E	□ Z □ E	□ Z □ E

2 39 48 63 26 51 15

3

zwanzig	□□	neunzig	□□	vierzig	□□
fünfzig	□□	achtzig	□□	sechzig	□□
siebzig	□□	dreißig	□□	hundert	□□

4

zweiundfünfzig	50 + 2 = ___	achtundsiebzig	___ + ___ = ___
fünfundzwanzig	___ + ___ = ___	siebenundachtzig	___ + ___ = ___
einundsechzig	___ + ___ = ___	fünfunddreißig	___ + ___ = ___

5 Die Zehnerzahl hörst du zuletzt. Beim Schreiben sie nach vorne hetzt!

Die große Zahl läuft schneller!

zweiundvierzig	□□	dreiundneunzig	□□	vierundsechzig	□□
fünfundsiebzig	□□	achtundfünfzig	□□	sechsundvierzig	□□
einunddreißig	□□	fünfundachtzig	□□	siebenundzwanzig	□□

6

70 + 5 = ___ T	30 + 9 = ___ Z	___ S + 6 = 26
80 + 1 = ___ H	40 + 8 = ___ N	___ R + 8 = 98
60 + 4 = ___ W	90 + 2 = ___ N	___ I + 3 = 73
20 + 7 = ___ P	70 + 9 = ___ S	___ E + 9 = 49
80 + 5 = ___ E	50 + 6 = ___ Z	___ A + 2 = 32
30 + 6 = ___ T		___ C + 4 = 84

□	□	□	□	□	□	□	□	□	□	□	□	□	□	□	□	□ .
20	27	30	36	39	40	48	56	64	70	75	79	80	81	85	90	92

Vergleichen und mit Zehnerzahlen rechnen

MB Seiten 20, 21

1 Blitzgescheit in kurzer Zeit!

3 + 4 = ___ V 9 − 1 = ___ E 7 = 6 + ___ A 17 − 6 = ___ L 20 − ___ G = 10

1 + ___ N = 7 8 − ___ E = 3 7 = ___ L + 4 12 + 8 = ___ H ___ E + 4 = 18

___ H + 6 = 8 ___ R − 0 = 9 8 = 8 − ___ Z ___ C − 4 = 12 15 − ___ I = 0

															E	N
0	1	2	3	5	6	7	8	9	10	11	14	15	16	20		

2 < > =

< kleiner als

ⓐ 52 ◯ 25
17 ◯ 70
63 ◯ 63

ⓑ 80 ◯ 18
45 ◯ 54
73 ◯ 37

ⓒ sechsundfünfzig ◯ fünfundsechzig
achtunddreißig ◯ dreiundachtzig
zweiundvierzig ◯ vierundzwanzig

3 Ordne nach der Größe. Beginne mit der kleinsten Zahl.

~~16~~, 61, 28, 60, ~~10~~ 35, 30, 13, 53, 50 74, 80, 17, 4, 47

10, 16, ___ ___ ___

4

2 + 5 = ___ 3 + 6 = ___ 5 + 3 = ___ 4 + 3 = ___

20 + 50 = ___ 30 + 60 = ___ 50 + ___ = ___ 40 + ___ = ___

5 − 1 = ___ 8 − 4 = ___ 9 − 8 = ___ 7 − 5 = ___

50 − 10 = ___ 80 − ___ = ___ 90 − ___ = ___ ___ − ___ = ___

5

20 + ___ = 30 80 − ___ = 60 ___ + 10 = 80 ___ − 20 = 70

10 + ___ = 60 90 − ___ = 40 ___ + 30 = 100 ___ − 30 = 20

Die Umkehraufgabe hilft!

6 Setzt du ein = Zeichen ein, muss links und rechts das G________ sein.

ei l e ch

40 + ___ = 50 70 − ___ = 20 10 + ___ = 80 90 − ___ = 10
50   50

___ − 50 = 40 ___ + 20 = 90 ___ − 20 = 80

30 = 50 − ___ 70 = 50 + ___ 50 = 30 + ___

Jede Zahl hat ihr Zuhause

Spalte

1 100er-Tafel: Ergänze die fehlenden Zahlen.

1	2	3	4		6	7	8	9	10
11	12					17			20
21	22	23	24			27			
		33	34	35	36	37			40
41	42					47			50
51	52					57			
				65		67			70
71	72				76	77	78		80
81	82	83	84	85	86	87	88	89	90
			94	95		97			100

Zeile

2 a) Spure in der 7er-Spalte alle Einer grün nach. Was entdeckst du?
b) Spure in allen Spalten deiner 100er-Tafel die Einer grün nach.

3 a) Spure in der 9. Zeile alle Zehner blau nach. Was fällt dir auf?
b) Spure so die Zehner in allen Zeilen nach.

4 Ausschnitte aus der 100er-Tafel. Ergänze die fehlenden Zahlen.
Welche Regeln entdeckst du?

a) 53 | 76 | 37 | 42 | 33 | 79 | 57

b) 21 | 71 | 51 | 65 | 93 | 80 | 40 | 70

5 Schreibe immer zuerst die kleinste Zahl. Überprüfe mit der 100er-Tafel.

Welche Zahlen sind größer als 40 und haben an der Einerstelle eine 8?	Welche Zahlen sind kleiner als 60 und haben an der Einerstelle eine 5?	Welche Zahlen haben doppelt so viele Zehner wie Einer?
___ L → ___ T → ___ E	___ W → ___ I → ___ S	___ E → ___ L →
___ R → ___ G → ___ U	___ E → ___ K → ___ E	___ T → ___ N

																T.
5	15	21	25	35	42	45	48	55	58	63	68	78	84	88	98	

Bis 100 zählen

1 Blitzgescheit in kurzer Zeit!

9 + 9 = ___ Z   ___ L − 1 = 20   1 + ___ Ä = 20

20 + 3 = ___ N   ___ H + 2 = 22   0 + ___ E = 22

18	19	20	21	22	23

2

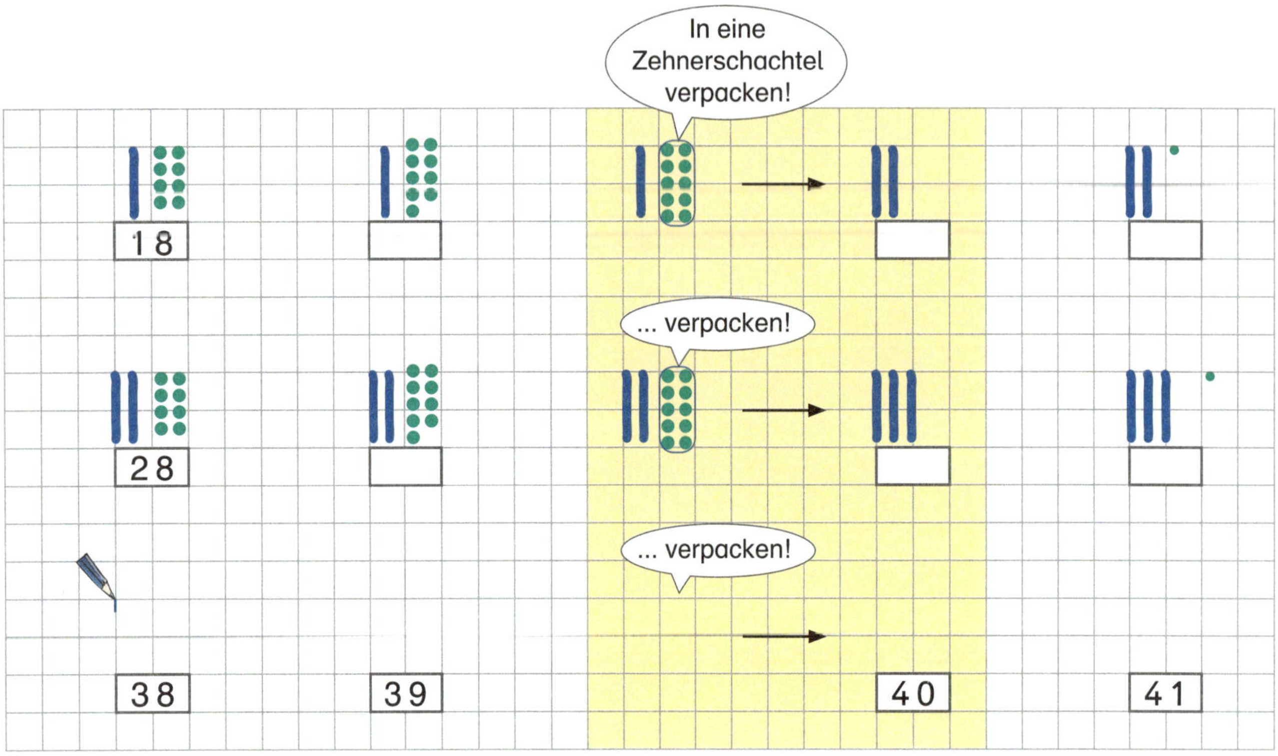

3 58, 59, ___, ___, ___, ___, 64   89, ___, ___, ___, ___, ___, ___, ___, ___, ___

4

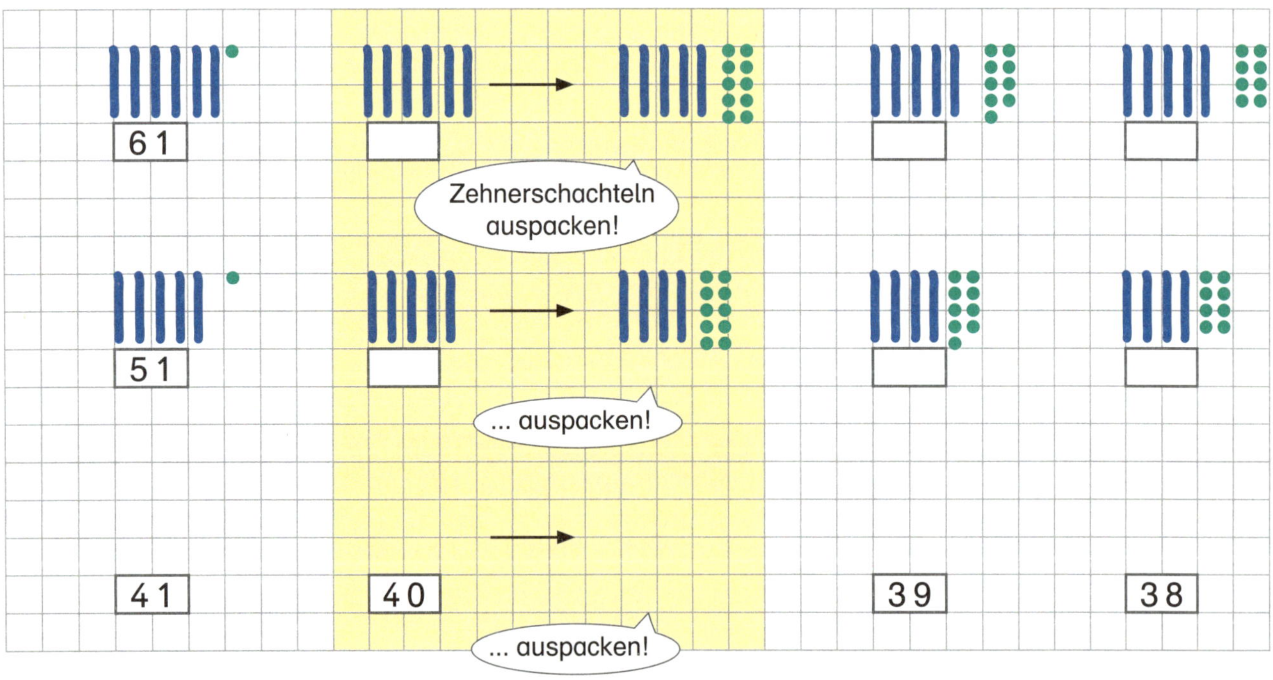

5 91, ___, ___, ___, 87   81, ___, ___, ___, 77

71, ___, ___, ___, 67   46, ___, ___, ___, 50

Zahlenstrahl

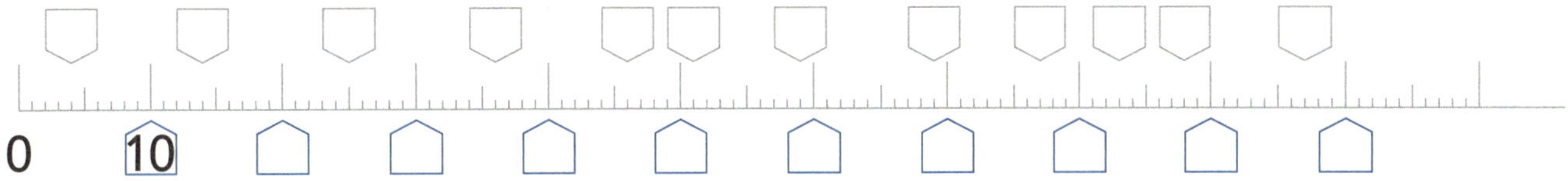

1 Trage am Zahlenstrahl die Zahlen in ☐ und ☐ ein.

2 a) Betrachte die Zahl **25** am Zahlenstrahl.

Die Zahl da**vor** ist der **V** . . gänger: ____

Die Zahl da**nach** ist der **N** . . . folger: ____

b) Zehnerzahlen haben immer ____ Einer.

Der **Zehner vor** der 25 ist der **Z** . . . . . **v** . . . .: ____

Der **Zehner nach** der 25 ist der **Z** . . . . . **n** . . . .: ____

3

Zehner-vorgänger	Einer-vorgänger	Zahl	Einer-nachfolger	Zehner-nachfolger
		25		
		47		
		78		
	53			
	94			
			49	
			13	

ZV	EV		EN	ZN
		12		
		78		
		23		
		87		
		34		
		55		
		62		
		43		

4 „Runde" Preise kann sich Bibu am besten merken. Ergänze.
Welche Regel erkennst du?

81 Cent	82 Cent	83 Cent	84 Cent	85 Cent	86 Cent	87 Cent	88 Cent	89 Cent
80	80		80	90	90		90	

5 Mach aus den Preisen „runde" Preise.

59 Cent ____ E Cent | 73 Cent ____ K Cent | 27 Cent ____ I Cent | 76 Cent ____ T Cent

52 Cent ____ S Cent | 38 Cent ____ N Cent | 94 Cent ____ E Cent | 98 Cent ____ N Cent

HEUSCHRECKEN SIND ☐☐☐☐☐☐☐☐.

30 40 50 60 70 80 90 100

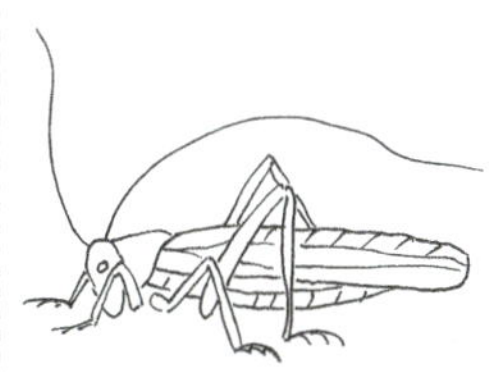

Das kann ich schon! 1

1 

Wie viele?

___ Kugeln ___ Würfel ___ Quader

2 Wer sieht die Puppe so?

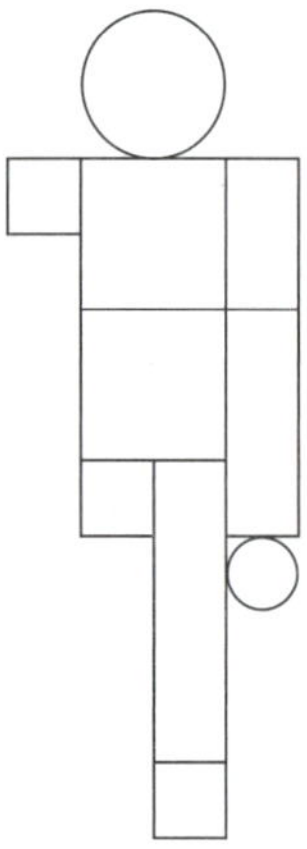

3 Zeichne Zehnerstriche und Einer.

82

28

4 Schreibe die Zahlen.

___

___

5 siebenundzwanzig ___ fünfzig ___ zweiundsiebzig ___

6 Schreibe passende (+) Aufgaben. Beispiel 47 = 40 + 7.

29 = ___ + ___ 35 = ___ + ___ 46 = ___ + ___ 67 = ___ + ___

7 Ordne 71, 70, 77, 17, 79, 7 nach der Größe: ___, ___, ___, ___, ___, ___

8 40 + ___ = 60 50 = 10 + ___ 100 – ___ = 10 60 = 100 – ___

___ + 30 = 70 80 = 60 + ___ ___ – 50 = 20 80 = ___ – 10

9 36, 37, 38, ___, ___, ___, ___ 64, 63, 62, ___, ___, ___, ___

10 Ergänze die Ausschnitte aus der 100er-Tafel.

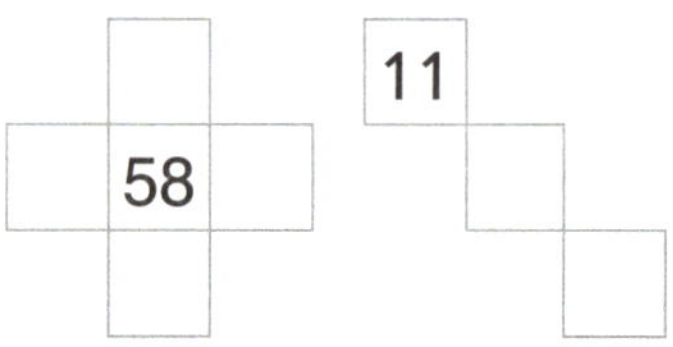

11 Schreibe Zehnervorgänger und Zehnernachfolger auf.

___ 46 ___

___ 32 ___

12 Welche Zahlen haben 9 Zehner?

___ ___ ___ ___ ___

___ ___ ___ ___ ___

Bis 100 rechnen

1

30 + 4 = ___ | ___ + ___ = ___ | 25 − ___ = ___ | ___ − ___ = ___ | ___ − ___ = ___

2

a	b	c	d
20 + 8 = ___	74 − 4 = ___	___ + 6 = 56	30 + ___ = 36 (36)
40 + 1 = ___	92 − 2 = ___	___ + 5 = 25	48 = 40 + ___
80 + 7 = ___	89 − 9 = ___		
20 + ___ = 24	57 − ___ = 50		
90 + ___ = 93	38 − ___ = 30	___ − 9 = 70	46 − ___ = 40
30 + ___ = 37	23 − ___ = 20	___ − 7 = 20	70 = 73 − ___

Ist der Platz ganz vorne leer, rechne ich von hinten her.

Setzt du ein (=) Zeichen ein, muss links und rechts das Gleiche sein.

3

4 + 3 = ___ | ___ + ___ = ___ | 5 − 3 = ___ | ___ − ___ = ___

24 + 3 = ___ | ___ + ___ = ___ | 45 − 3 = ___ | ___ − ___ = ___

4

a) +[ ] [ ] +[ ]

4 + 5 = ___
14 + 5 = ___
24 + 5 = ___
___ + ___ = ___
___ + ___ = ___

b) +[ ] [ ] +[ ]

1 + 8 = ___
11 + 8 = ___
21 + ___ = ___
___ + ___ = ___
___ + ___ = ___

c) +[ ] [ ] +[ ]

6 − 4 = ___
16 − 4 = ___
26 − ___ = ___
___ − ___ = ___
___ − ___ = ___

d) +[ ] [ ] +[ ]

7 − 6 = ___
17 − 6 = ___
27 − ___ = ___
___ − ___ = ___
___ − ___ = ___

5 Rechentrick: Die kleine Aufgabe hilft: 31 + 4 = ___ 1 + 4 = 5

31 + 4 = ___ U	29 − 7 = ___ B	26 + ___ Ä = 29	___ S + 4 = 15
83 + 6 = ___ R	73 − 1 = ___ A	72 + ___ U = 78	___ E + 6 = 27
48 + 1 = ___ S	96 − 2 = ___ D	37 − ___ M = 35	___ S − 8 = 61

DER [ ][ ][ ][ ][ ][ ][ ][ ][ ][ ][ ][ ] IST EIN GREIFVOGEL.

2 3 6 11 21 22 35 49 69 72 89 94

1 Blitzgescheit in kurzer Zeit!

42 + ___ C = 47	69 − ___ U = 61	90 + ___ H = 96	87 − ___ R = 85
___ E + 3 = 58	___ ! − 8 = 90	___ S + 7 = 79	___ I − 4 = 21
9 + 7 = ___ C	16 − 9 = ___ E	5 + 8 = ___ I	11 − 8 = ___ E
12 − 8 = ___ I	4 + 7 = ___ W	14 − 5 = ___ N	9 + 9 = ___ H
62 = 61 + ___ T	32 = 32 − ___ S	23 = ___ T + 3	40 = ___ G − 5

0	1	2	3	4	5	6	7

8	9	11	13	16	18	20	25	45	55	72	98

2 Schaufle Unnötiges weg. Streiche weg, was du nicht zum Rechnen brauchst. Unterstreiche die wichtigen Zahlen und Wörter.

Fine liebt Obstspieße.
Heute zählt sie auf ihren Obstspießen 40 Stücke Obst: Trauben, Apfel- und Birnenstücke, Bananen- und Kiwischeiben und noch vieles mehr.
In der Pause knabbert Fine zuerst alle Bananen- und Kiwischeiben ab. Die Birnenstücke hebt sie sich für später auf. Nach der Pause hat Fine noch 20 Obststücke auf ihren Spießen.
Sie denkt: „Das war etwas zu viel für die Pause. Morgen nehme ich weniger mit. Wie viele Obststücke habe ich in der Pause eigentlich gegessen?“

R ______

A ______

3 Unterstreiche Wichtiges.

Moritz hat auf seinen Obstspießen 5 Mandarinenstücke, 4 Stücke Ananas, 6 Kiwi- und 5 Bananenscheiben.
In der Pause isst er 9 Obststücke auf, dann spielt er mit 4 Kindern Ball.
Wie viele Obststücke sind noch auf seinen Spießen?

R ______

A ______

Unterstreiche die wi______gen Za______ und Wörter.

wichtigen Zahlen

1 In einem unterirdischen Erdbau lebt eine Kaninchenfamilie. Zu Beginn der Dämmerung verlassen 21 Tiere den Bau. Nur 4 Kaninchen bleiben zurück.

F – Wie viele Kaninchen leben im Bau ?

R

A → ______ Kaninchen leben im Bau .

W

> Die Frage führt zur Antwort.
>
> Wie viele … ?
>
> ______ … .

2 Das Kaninchenweibchen ist schon 22 Tage trächtig. 7 Tage später wird es 8 nackte und blinde Jungen werfen.

F – Wie viele Tage ist das Kaninchen insgesamt trächtig ?

R

A → ______ .

R

3 Das Kaninchen hat bereits 41 Junge geworfen. 4 hat der Mäusebussard gefangen. Nach einem weiteren Wurf hat das Kaninchen nun in diesem Jahr insgesamt 49 Junge geboren.

F – Wie viele Junge hat das Kaninchen zuletzt geworfen ?

R

A → ______ .

M

4 7 Kaninchenjunge haben die Geburt überlebt. Sie sind nun schon 29 Tage alt. Seit 8 Tagen werden sie nicht mehr von der Mutter gesäugt.

F – Wie viele Tage wurden die Jungen gesäugt ?

R

A → ______ .

U

DER ☐ A ☐ L ☐ U ☐ F KANN SEHR SCHLECHT SEHEN.

8 21 25 29

Unser Geld: Münzen

MB Seiten 32, 33

1 Blitzgescheit in kurzer Zeit!

40 + 30 = ___ O	2 + 5 + 3 = ___ I	70 + ___ U = 100	30 + 7 = ___ R
20 + 60 = ___ O	1 + 4 + 2 = ___ E	50 + ___ H = 100	60 + 8 = ___ I
10 + 50 = ___ A	5 + 5 + 5 = ___ N	80 + ___ E = 100	90 + 9 = ___ E

						O			T				C		N T .
7	10	15	20	30	37	47	50	60		68	70	80	92	99	

2 Wer hat genug Geld für  1 € ? Male  dazu.

Fabian

50 ct + ___ ct + ___ ct + ___ ct = ___ ct

Christian

___ ct + ___ ct + ___ ct + ___ ct + ___ ct = ___ ct

Ludwig

___ ct + ___ ct + ___ ct + ___ ct + ___ ct = ___ ct

Fine

___ ct + ___ ct + ___ ct + ___ ct + ___ ct = ___ ct

Sara

___ ct + ___ ct + ___ ct + ___ ct + ___ ct = ___ ct

Antonia

___ ct + ___ ct + ___ ct + ___ ct + ___ ct = ___ ct

3

 10 ct

 5 ct

 40 ct

 65 ct

	kauft	kostet	gibt	Rückgeld
 Erkan		___ ct		___ ct
 Sara		___ ct		___ ct
 Steffi		___ ct		___ ct

4 Zeichne möglichst wenige Münzen.

26 ct

37 ct

48 ct

69 ct

(+) und (–) Pass auf die Zehner auf!

1 Fülle die Zehnerschachtel. Zeichne und rechne.

28 + ___ = 30   35 + ___ = ___   13 + ___ = ___   ___ + ___ = ___

2

		nächster Z	
16 + 4 = ___	23 + 7 = ___	53 + ___ = ___	65 + ___ = ___
36 + 4 = ___	61 + 9 = ___	72 + ___ = ___	89 + ___ = ___
56 + 4 = ___	84 + 6 = ___	16 + ___ = ___	52 + ___ = ___
76 + 4 = ___	48 + 2 = ___	28 + ___ = ___	93 + ___ = ___

3 Öffne die Zehnerschachtel. Entnimm. Streiche und rechne.

30 – 4 = ___   40 – 7 = ___   50 – 3 = ___   20 – 6 = ___

4

–3		–7		–4		–6		–2		–8	
20		10		60		80		70		20	
50		30		100		90		40		100	
80		70		20		10		20		30	

5

(28 + 2) + 4 = ___ K 30	(54 – ___) – 3 = ___ M 50	(31 – ___) – 7 = ___ I
(34 + ___) + 6 = ___ A 40	(83 – ___) – 6 = ___ C 80	(14 – ___) – 5 = ___ D
(57 + ___) + 8 = ___ B 60	(46 – ___) – 5 = ___ E 40	(76 – ___) – 9 = ___ R
(65 + ___) + 3 = ___ A	(62 – ___) – 2 = ___ E	(58 – ___) – 1 = ___ S

		C			H				T				K	E	N
5	23		34	35		46	47	49		58	61	68	73	74	

Zehnerübergang (+)

1 Blitzgescheit in kurzer Zeit!

5	
4	1 F
2	N
1	E

6	
2	
3	
1	A

7	
1	L
3	
5	Ü

8	
5	
2	
1	Z

30	
22	R
25	
27	

50	
47	
46	
45	

70	
67	
64	
61	U

F _ _ _   _ _ M   _ Ä C H S T _ _   Z _ H _ _ _
1 2 6 6   7 9   3   4 3   4   3 4 8

_ _ F, D _ _ _   _ _ G   D _ _   _ _ S T   D _ _
5 9 1   5 3 3   6 4   4 3   8 4   4 8

E I _ E _   D _ _ _ F.
3 8   8 5 9 1

2

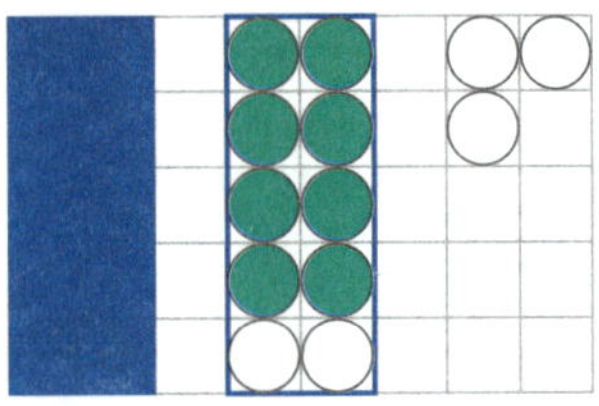

18 + 5 = ____

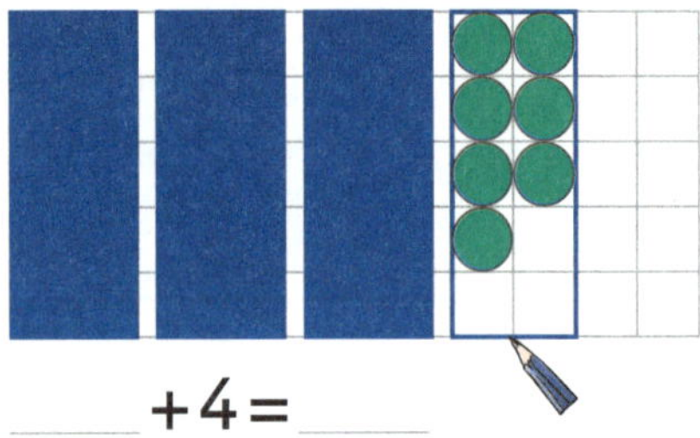

____ + 4 = ____

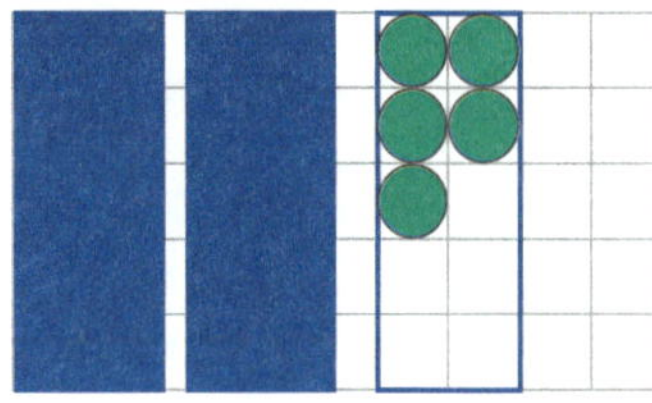

____ + 7 = ____

3

26 + 5 = ____
(26 + __ + __) = ____
30

39 + 6 = ____
(39 + __ + __) = ____
40

17 + 9 = ____
(17 + __ + __) = ____

46 + 5 = ____
(46 + __ + __) = ____
50

69 + 6 = ____
(69 + __ + __) = ____

57 + 9 = ____
(57 + __ + __) = ____

76 + 5 = ____
(76 + __ + __) = ____

89 + 6 = ____
(89 + __ + __) = ____

67 + 9 = ____
(67 + __ + __) = ____

86 + 5 = ____
(86 + __ + __) = ____

49 + 6 = ____
(49 + __ + __) = ____

77 + 9 = ____
(77 + __ + __) = ____

4

+	2	9	3	8	5	7	6
49							
28							
57							

+	9	3	8	5	7	6	4
78							
19							
34							

Zehnerübergang −

1

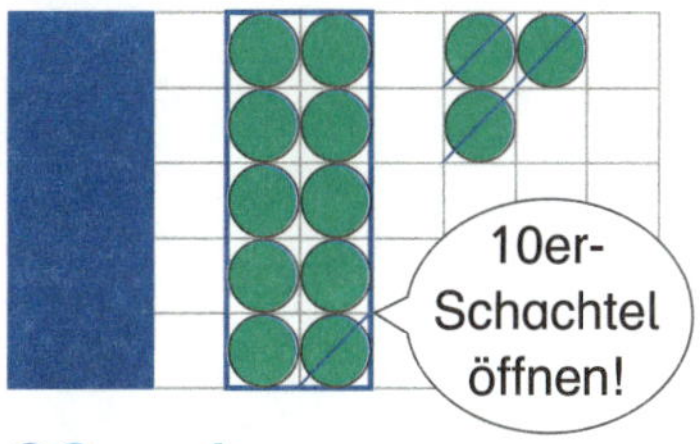

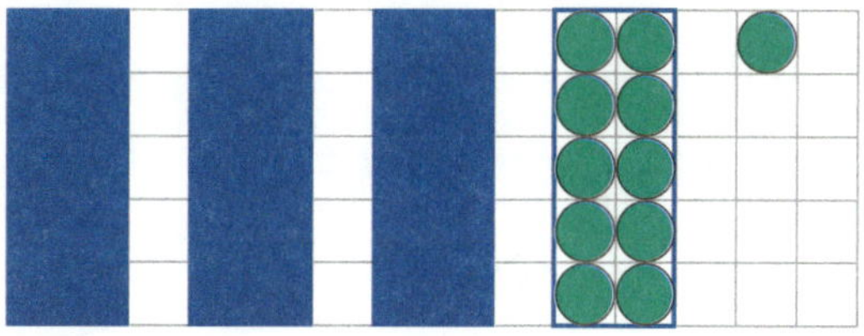

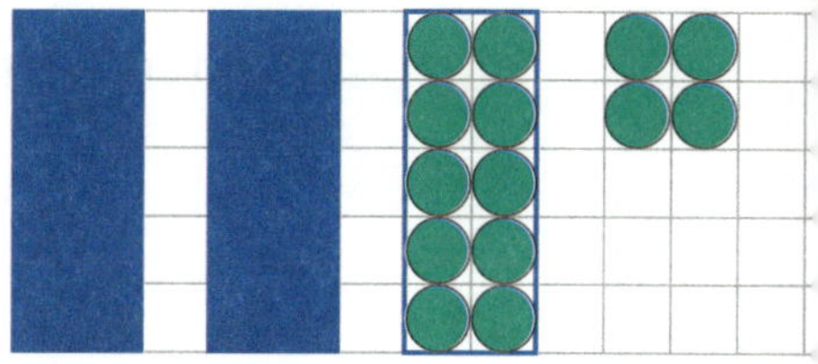

23 − 4 = ___ 41 − 6 = ___ ___ − 7 = ___

2 h n e

Rechentrick: Zum letzten Z___er geh zurück,
dann mach ihn auf, geh noch ein Stück!

32 − 7 = ___	43 − 5 = ___	51 − 7 = ___	24 − 9 = ___
32 − ___ − ___ = ___ (30)	43 − ___ − ___ = ___ (40)	51 − ___ − ___ = ___	24 − ___ − ___ = ___
62 − 7 = ___	73 − 5 = ___	81 − 7 = ___	64 − 9 = ___
62 − ___ − ___ = ___ (60)	73 − ___ − ___ = ___	81 − ___ − ___ = ___	64 − ___ − ___ = ___
92 − 7 = ___	23 − 5 = ___	11 − 7 = ___	54 − 9 = ___
92 − ___ − ___ = ___	23 − ___ − ___ = ___	11 − ___ − ___ = ___	54 − ___ − ___ = ___

3

−	4	1	9	5	7	3	8	6
80								
51								
42								

−	4	1	9	5	7	3	8	6
34								
60								
73								

4

Verkleinere 42 um 9. Welche Zahl erhältst du? ___	Vergrößere 78 um 5. ___	Nimm 5 von der Zahl 81 weg. ___	Füge 8 zur Zahl 34 hinzu. ___	Verdopple 20. ___

5 Wie rechnest du? Erkläre.

24 − 7 = ___ L	42 − 5 = ___ E	21 − 3 = ___ E	65 − 7 = ___ B
68 − 9 = ___ E	83 − 7 = ___ E	14 − 8 = ___ A	48 − 9 = ___ R
17 − 8 = ___ L	52 − 7 = ___ D	56 − 7 = ___ H	82 − 8 = ___ U
53 − 5 = ___ E	34 − 6 = ___ F	72 − 5 = ___ H	31 − 7 = ___ P
71 − 6 = ___ N	61 − 9 = ___ A	83 − 8 = ___ F	

6	9	17	18	24	28	37	39	45	48	49	52	58	59	65	67	74	75	76

Der (+9) (−9) Rechentrick, Gleichungen

1 Blitzgescheit in kurzer Zeit!

3+10= ___ N	16−10= ___ E	25+10= ___ A	32−10= ___ T	21+10= ___ F
5+10= ___ I	19−10= ___ U	46+10= ___ T	94−10= ___ N	73−10= ___ Z
7+10= ___ S	12−10= ___ N	61+10= ___ E	87−10= ___ H	58−10= ___ S

			N											
2	6	9	13	15	17	22	31	35	48	56	63	71	77	84

2 a) Vergleiche die Ergebnisse. Erkläre. Male die Trickaufgabe gelb an.

54+9= ___	46−9= ___	83−9= ___
54+10−1= ___	46−10+1= ___	83−10+1= ___
54+10+1= ___	46−10−1= ___	83−10−1= ___

b)

75+9= ___	63+8= ___	82−9= ___	71−9= ___
27+9= ___	39+8= ___	25−9= ___	34−9= ___
56+9= ___	56+8= ___	38−9= ___	97−9= ___

3 a)

46+ ___ =55	85+ ___ =93	58+ ___ =65
46+ ___ + ___ =55	85+ ___ + ___ =93	58+ ___ + ___ =65
29+ ___ =36	34+ ___ =42	72+ ___ =81
29+ ___ + ___ =36	34+ ___ + ___ =42	72+ ___ + ___ =81

b)

32− ___ =23	74− ___ =65	41− ___ =34
32− ___ − ___ =23	74− ___ − ___ =65	41− ___ − ___ =34
53− ___ =49	85− ___ =78	27− ___ =19
53− ___ − ___ =49	85− ___ − ___ =78	27− ___ − ___ =19

k m e h r

4 Ist der Platz ganz vorne leer, rechne ich von hinten her: Die U ___ aufgabe!

___ +6=34	___ +4=62	___ −8=47	___ −6=19
___ +9=61	___ +7=53	___ −9=72	___ −9=86

Bibus Kalender

Januar 31 Tage

Mo		7	14	21	28
Di	1	8	15	22	29
Mi	2	9	16	23	30
Do	3	10	17	24	31
Fr	4	11	18	25	
Sa	5	12	19	26	
So	6	13	20	27	

Wochen

1.	2.	3.	4.

Februar ____ Tage

Mo		4	11	18	25
Di		5	12	19	26
Mi		6	13	20	27
Do		7	14	21	28
Fr	1	8	15	22	
Sa	2	9	16	23	
So	3	10	17	24	

Wochen

5.			

März ____ Tage

Mo		4	11	18	25
Di		5	12	19	26
Mi		6	13	20	27
Do		7	14	21	28
Fr	1	8	15	22	29
Sa	2	9	16	23	30
So	3	10	17	24	31

Wochen

April ____ Tage

Mo	1	8	15	22	29
Di	2	9	16	23	30
Mi	3	10	17	24	
Do	4	11	18	25	
Fr	5	12	19	26	
Sa	6	13	20	27	
So	7	14	21	28	

Wochen

Mai ____ Tage

Mo		6	13	20	27
Di		7	14	21	28
Mi	1	8	15	22	29
Do	2	9	16	23	30
Fr	3	10	17	24	31
Sa	4	11	18	25	
So	5	12	19	26	

Wochen

Juni ____ Tage

Mo		3	10	17	24
Di		4	11	18	25
Mi		5	12	19	26
Do		6	13	20	27
Fr		7	14	21	28
Sa	1	8	15	22	29
So	2	9	16	23	30

Wochen

Juli ____ Tage

Mo	1	8	15	22	29
Di	2	9	16	23	30
Mi	3	10	17	24	31
Do	4	11	18	25	
Fr	5	12	19	26	
Sa	6	13	20	27	
So	7	14	21	28	

Wochen

August ____ Tage

Mo		5	12	19	26
Di		6	13	20	27
Mi		7	14	21	28
Do	1	8	15	22	29
Fr	2	9	16	23	30
Sa	3	10	17	24	31
So	4	11	18	25	

Wochen

September ____ Tage

Mo		2	9	16	23	30
Di		3	10	17	24	
Mi		4	11	18	25	
Do		5	12	19	26	
Fr		6	13	20	27	
Sa		7	14	21	28	
So	1	8	15	22	29	

Wochen

Oktober ____ Tage

Mo		7	14	21	28
Di	1	8	15	22	29
Mi	2	9	16	23	30
Do	3	10	17	24	31
Fr	4	11	18	25	
Sa	5	12	19	26	
So	6	13	20	27	

Wochen

November ____ Tage

Mo		4	11	18	25
Di		5	12	19	26
Mi		6	13	20	27
Do		7	14	21	28
Fr	1	8	15	22	29
Sa	2	9	16	23	30
So	3	10	17	24	

Wochen

Dezember ____ Tage

Mo		2	9	16	23	30
Di		3	10	17	24	31
Mi		4	11	18	25	
Do		5	12	19	26	
Fr		6	13	20	27	
Sa		7	14	21	28	
So	1	8	15	22	29	

Wochen

1 1 Jahr → ____ Monate 1 Jahr → ____ Wochen 1 Woche → ____ Tage

2

Wochen	1	2	3	4	5	6	7	8	9	10
Tage	U	M	L	I	E	R				

3 Kennzeichne im Kalender oben Bibus Ferientage gelb. Male Samstage und Sonntage **nicht** gelb. Wie viele Tage hat Bibu Ferien?

Schneeglöckchenferien 28.1. – 1.2. ____ M Tage

Honigferien 27.5. – 7.6. ____ R Tage

Sonnenstrahlenferien 29.7. – 30.8. ____ T Tage

Schneeferien 13.12. – 3.1. ____ E Tage

DAS

5	7	10	14	16	21	25	28	35	42

VERSCHLÄFT DEN GANZEN WINTER.

1 Blitzgescheit in kurzer Zeit!

3 + 8 = ___ U	5 + 7 = ___ L	12 – 4 = ___ Ä	16 – 9 = ___ S
13 + 8 = ___ E	35 + 7 = ___ I	42 – 4 = ___ B	56 – 9 = ___ L
23 + 8 = ___ N	85 + 7 = ___	52 – 4 = ___ D	76 – 9 = ___

7	8	11	12	21	31	38	42	47	48

2 Zähle in den Rechnungen von Aufgabe 1, welche <u>Ziffer</u> wie oft vorkommt. (23 zum Beispiel besteht aus den Ziffern 2 und 3.) Denke auch an die Ergebniszahlen. Male für jede Ziffer jeweils ein Kästchen in das Säulenbild.

Säulenbild

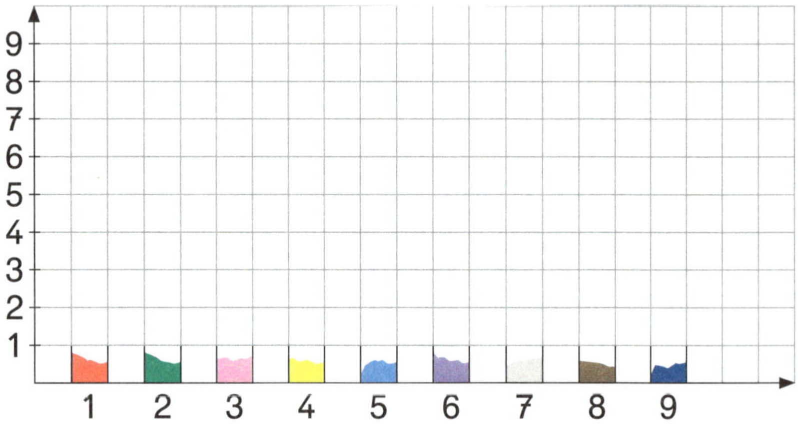

3

Stunden (h)		
1	4 €	3 €
2	8 €	€
3	€	€
4	€	€
5	€	€
6	€	€
7	€	€

Eisstadion
geöffnet:
Okt.-März
täglich:
8-18 Uhr
Preise pro Stunde
4€ 3€
Gruppe 22€
(höchstens 10 Personen)

von → bis

Herr Büttner ____ €

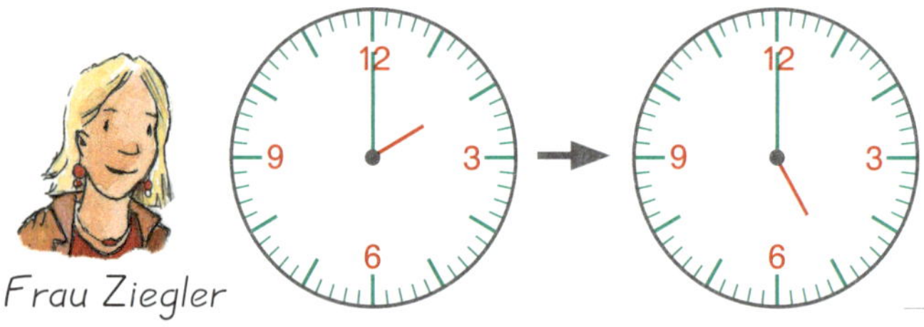

Frau Ziegler ____ €

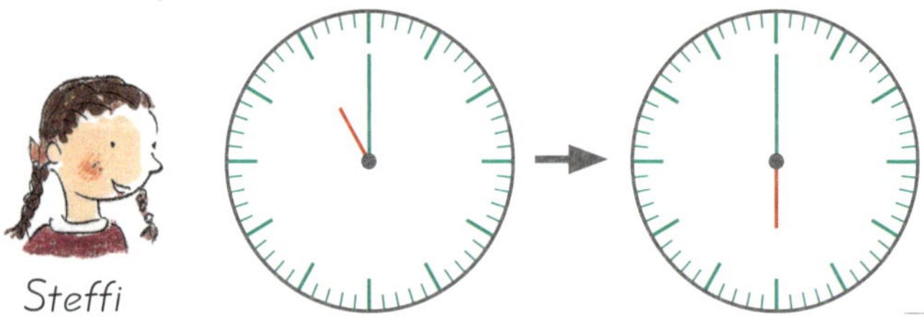

Steffi ____ €

4

	Eintrittspreis
1	4 €
2	€
3	€
4	€

	Eintrittspreis
1	3 €
2	€
3	€
4	€

1 h ____ € 2 h ____ €

1 h ____ € 2 h ____ €

1 h ____ € 2 h ____ €

1 1 2 3 4 5 6 7 8 9

28 + ___ < 32	41 > 38 + ___	30 + 2 ◯ 38 – 2
28 + ___ < 32	41 > 38 + ___	30 + 3 ◯ 38 – 3
28 + ___ < 32	41 = 38 + ___	30 + 4 ◯ 38 – 4
28 + ___ = 32	41 < 38 + ___	30 + 5 ◯ 38 – 5

2

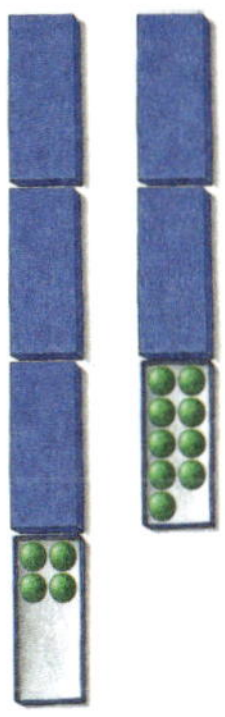

34 – ___ > 29	57 < 61 – ___	59 + 1 ◯ 65 – 1
34 – ___ > 29	57 < 61 – ___	59 + 2 ◯ 65 – 2
34 – ___ > 29	57 < 61 – ___	59 + 3 ◯ 65 – 3
34 – ___ > 29	57 = 61 – ___	59 + 4 ◯ 65 – 4
34 – ___ = 29	57 > 61 – ___	59 + 5 ◯ 65 – 5

3 Male

grün	19	blau	37
rot	42	schwarz	73
weiß	25	orange	91
gelb	81	braun	64

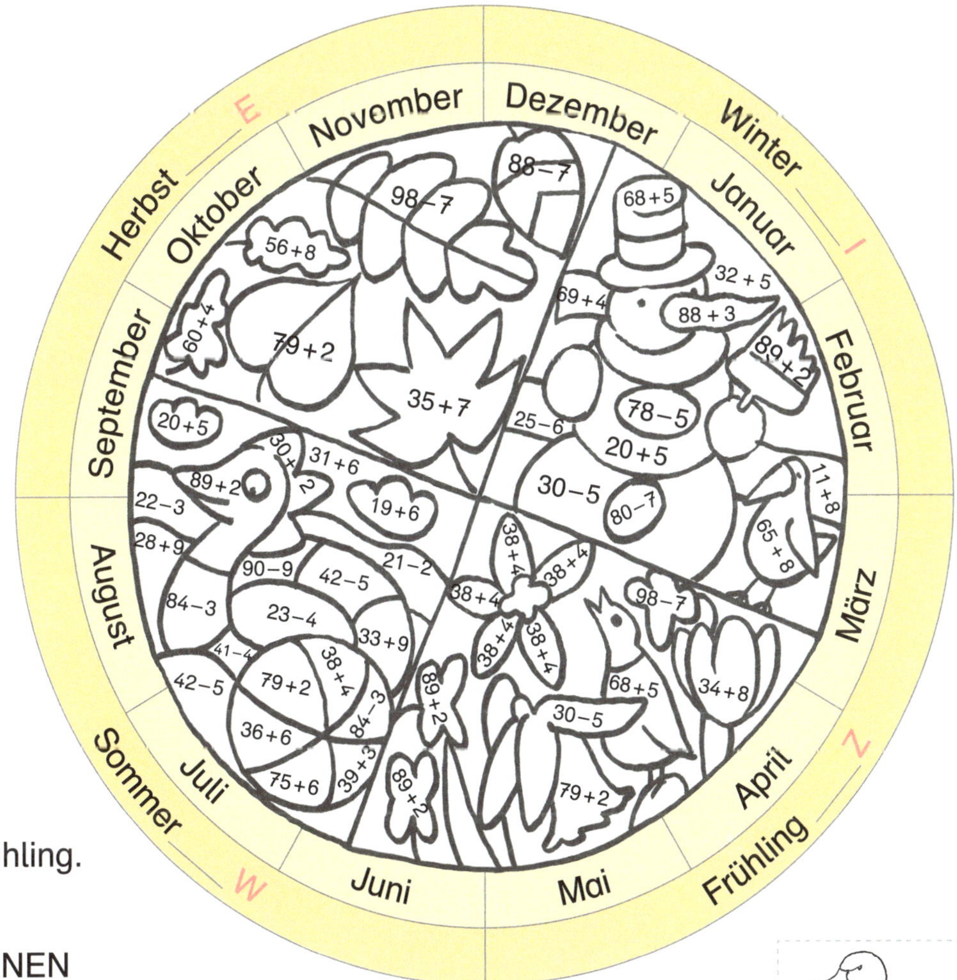

4 Nummeriere
die Jahreszeiten
entsprechend
ihrer Reihenfolge.
Beginne mit dem Frühling.

STOCKENTEN KÖNNEN

IM WINTER ☐☐☐☐ WOCHEN OHNE NAHRUNG LEBEN.
1 2 3 4

1

30 + 8 = ___ 70 + ___ = 75 47 − 7 = ___ 29 − ___ = 20

60 + 4 = ___ ___ + 3 = 83 92 − 2 = ___ ___ − 5 = 40

2 Unterstreiche die Zahlen und Wörter, die für das Rechnen wichtig sind.

Resul hat zu seinem 8. Geburtstag 8 Kinder eingeladen. Er will sein Zimmer mit 25 Luftballons schmücken. Er bläst sie auf, dabei platzen 5 Luftballons. Wie viele Luftballons kann er nur noch aufhängen?

R

A ___

3

62 + 7 = ___ 43 + ___ = 47 37 − 2 = ___ 98 − ___ = 91

81 + 5 = ___ 52 + ___ = 58 76 − 5 = ___ ___ − 5 = 23

4

___ ct + ___ ct + ___ ct + ___ ct + ___ ct = ___ ct

5

Steffi bezahlt mit 1 €. Wie viel Cent bekommt sie zurück?

R

A ___

6

27 + 3 = ___ 68 + ___ = 70 70 − 4 = ___ 30 − 7 = ___

46 + 4 = ___ 54 + ___ = 60 90 − 3 = ___ 40 − 8 = ___

7

36 + 7 = ___ 84 + ___ = 91 62 − 5 = ___ 73 − ___ = 68

58 + 9 = ___ ___ + 3 = 52 34 − 9 = ___ ___ − 8 = 87

8 Vom 1.1. bis zum 6.1. hat Bibu keine Schule. Wie viele Tage sind das?

___ Tage

9

Museum Eintrittspreis

Erwachsene: 3 €

Kinder: 2 €

(Erwachsene)	Eintrittspreis
1	3 €
2	€
3	€
4	€

(Kinder)	Eintrittspreis
1	€
2	€
3	€
4	€

___ €

⊕ Rechentricks, Zahlenreihen

1

5 $\xrightarrow{+5}$ 10 $\xrightarrow{+5}$ ___ → ___ → ___ → ___ → ___ → ___ → ___ → 50

2 $\xrightarrow{+2}$ 4 → 6 → ___ → ___ → ___ → ___ → ___ → ___ → 20

4 → 8 → 12 → ___ → ___ → ___ → ___ → ___ → ___ → 40

8 → 16 → 24 → ___ → ___ → ___ → ___ → ___ → ___ → 80

2

3er-Reihe

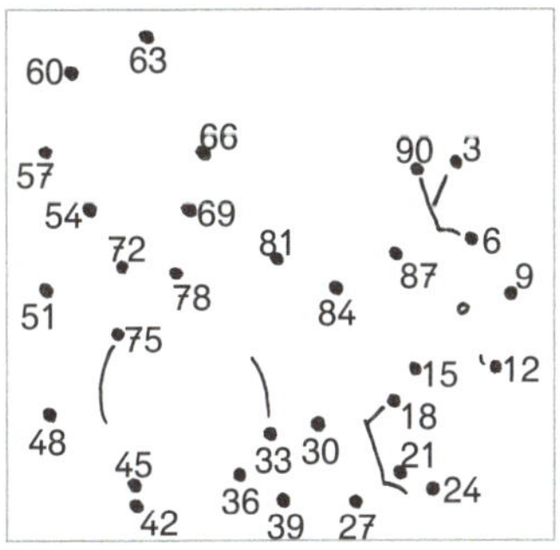

6er-Reihe

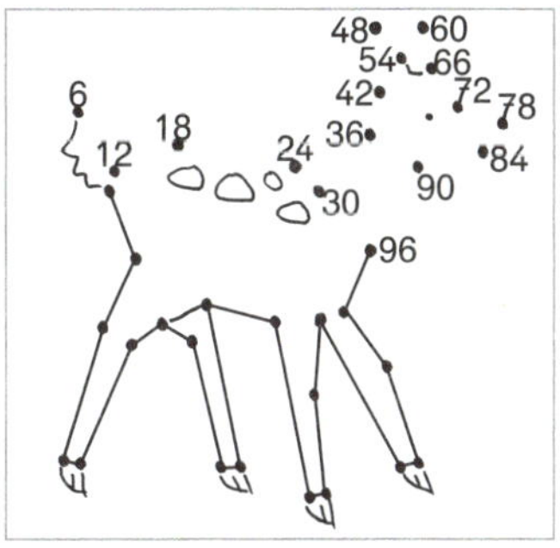

9er-Reihe

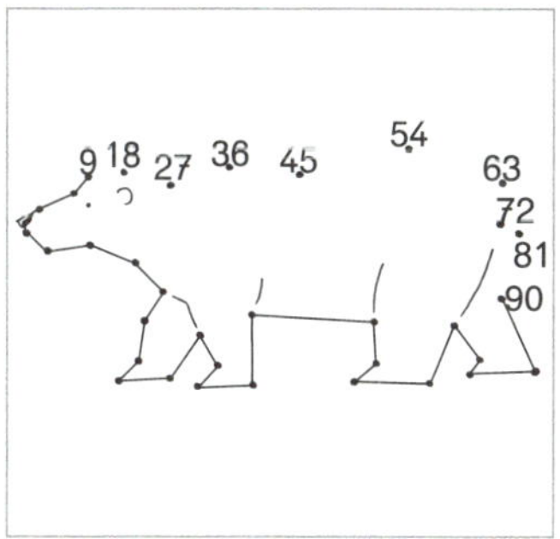

3 ⊕ Rechentrick: Tauschaufgabe! Die große Zahl nach vorn!

3 + 48 = ___ 7 + 56 = ___ 9 + 87 = ___ 5 + 46 + 3 = ___

48 + 3 = ___ T ___ E ___ H ___ G

4 ⊕ Rechentrick: Fasse zu Zehnern zusammen!

32 6 8 4 87 3 1 6 69

32 + 8 + 6 = ___ O ___ + ___ + ___ = ___ I ___ + ___ + ___ = ___ E

40

5 3 45 58 8 2 6 24 2

___ + ___ + ___ = ___ H ___ + ___ + ___ = ___ W ___ + ___ + ___ = ___ R

DER | | | | | I | R | S | C | H | HAT EIN | | | | | | | .

32 46 51 53 54 63 68 76 94 96

Mit Formen zaubern

MB Seiten 50, 51

1

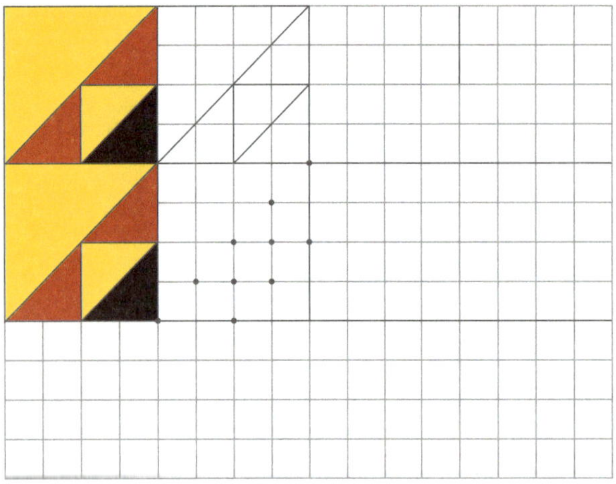

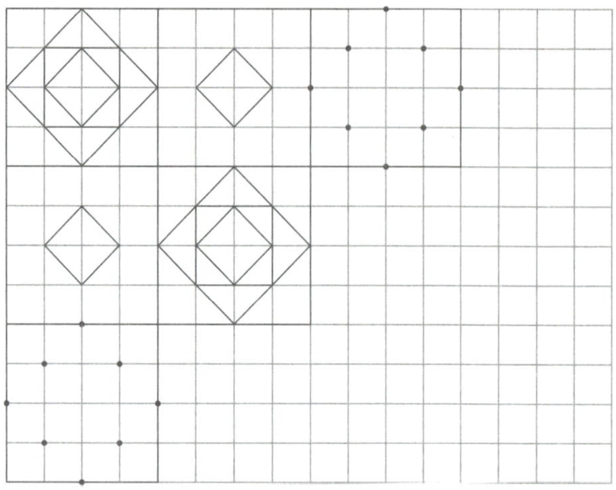

s u t r e

In einem M__________ wiederholen sich Farben und Formen.

2 a) Schneide **unten rechts** die Dreiecke aus. Lege sie auf diese Formen.
Verschiebe nun jeweils 2 Dreiecke so, dass ein Quadrat entsteht. Klebe.

b) Lege mit den restlichen Dreiecken ein Muster,
welches du hier einkleben kannst.

Geschichten vom Malnehmen

1 Jedes Bild wird mit 4 Magneten befestigt. Zeichne und rechne.

___ + ___ + ___ + ___ + ___ = ___

Kurz: 5 • ___ = ___

mal

___ + ___ + ___ + ___ + ___ + ___ + ___ = ___

___ • ___ = ___

3 Bilder:

___ + ___ + ___ = ___

___ • ___ = ___

6 Bilder:

___ + ___ + ___ + ___ + ___ + ___ + ___ = ___

___ • ___ = ___

2 Erzähle zu jeder Aufgabe eine Geschichte vom Malnehmen.

Wichtige Wörter: je, jede, ___

___ + ___ + ___ + ___ = ___

___ • ___ = ___ H

___ + ___ + ___ + ___ + ___ = ___

___ • ___ = ___ O

___ + ___ + ___ = ___

___ • ___ = ___ L

___ + ___ + ___ + ___ = ___

4 • 2 = ___ K

___ + ___ + ___ + ___ = ___

4 • 4 = ___ M

3 Schreibe eine Einmaleinsgeschichte in dein Heft.

DIE						E	I	S	E	BRÜTET ZWEIMAL IM JAHR.
	8	10	12	15	16					

Malnehmen und zeichnen, Tauschaufgaben

MB Seiten 54, 55

1

5 + ___ + ___ + ___ = ___   ___ + ___ + ___ + ___ + ___ = ___   ___ + ___ + ___ + ___ = ___

___ • ___ = ___   ___ • ___ = ___   ___ • ___ = ___

2

6 • 6 = ___   3 • 5 = ___   2 • 3 = ___   1 • 4 = ___

3

5 • 6 = ___   ___ • ___ = ___   ___ • ___ = ___

6 • 5 = ___   ___ • ___ = ___   ___ • ___ = ___

___ • ___ = ___   ___ • ___ = ___   ___ • ___ = ___

___ • ___ = ___   ___ • ___ = ___   ___ • ___ = ___

8 • 2 = ___
2 • 8 = ___
Tauschaufgaben haben immer das g______ Ergebnis.

e, ei, l, ch

4

8 • 2 = ___	9 • 2 = ___	10 • 2 = ___
___ • ___ = ___	___ • ___ = ___	___ • ___ = ___
2 • 6 = ___	8 • 5 = ___	7 • 10 = ___
___ • ___ = ___	___ • ___ = ___	___ • ___ = ___
5 • 4 = ___	7 • 2 = ___	9 • 1 = ___
___ • ___ = ___	___ • ___ = ___	___ • ___ = ___

Aufteilen

1 Es sind 24 Magnete. Jedes Bild braucht 4. Male und rechne.

R 24 : 4 = ___ S (geteilt durch)

A Die Magnete reichen für ___ Bilder.

2 Für wie viele Bilder reichen die Magnete? Erzähle, male und rechne.

___ Magnete	___ Magnete	___ Magnete	___ Magnete
___ : 4 = ___ I	___ : 4 = ___ D	8 : 4 = ___ W	4 : 4 = ___ H

3 Erzähle zu jeder Aufgabe eine Geschichte vom Teilen.

Wichtige Wörter: je, jede, ______________________

___ : 3 = ___ I

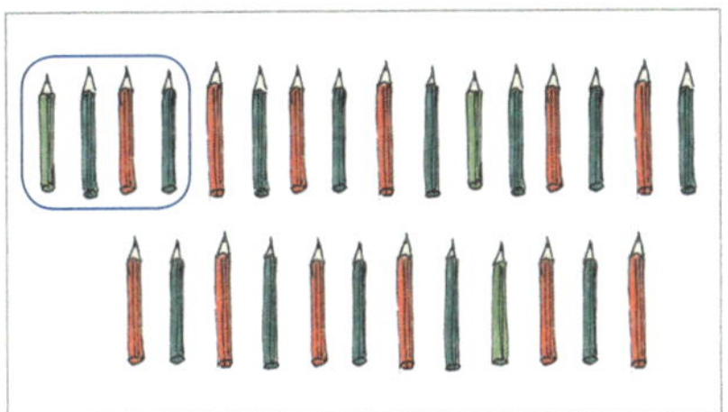

___ : ___ = ___ C

___ : ___ = ___ W

___ : 3 = ___ Rest ___

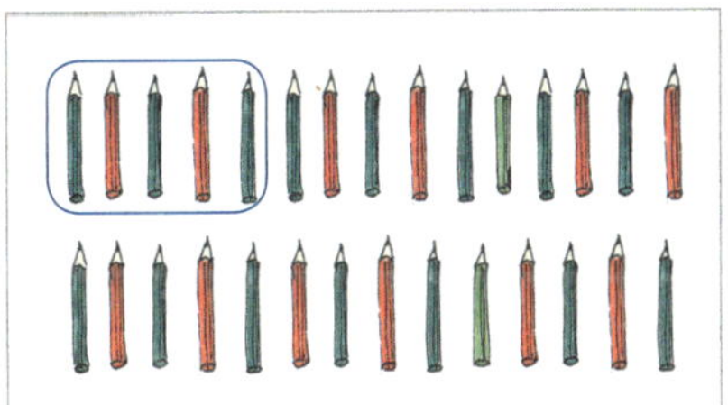

___ : 5 = ___ Rest ___

___ : 6 = ___ Rest ___

12 : 3 = ___ L

0 : 4 = ___ E

4 Schreibe eine Geschichte vom Teilen in dein Heft.

JUNGE ☐☐☐☐☐☐☐☐☐☐ N E HEISSEN FRISCHLINGE.

2 3 4 5 6 7 1 2 0 3

Verteilen

1 Blitzgescheit in kurzer Zeit!

2 • 5 = ___ T	3 • 10 = ___ C	2 • 2 = ___ V	2 • 6 = ___ E	2 • 7 = ___ I
3 • 5 = ___ L	4 • 10 = ___ H	3 • 2 = ___ E	3 • 6 = ___ E	3 • 7 = ___ E
4 • 5 = ___ G	5 • 10 = ___ T	4 • 2 = ___ R	4 • 6 = ___ R	4 • 7 = ___ E

															!
4	6	8	10	12	14	15	18	20	21	24	28	30	40	50	

2

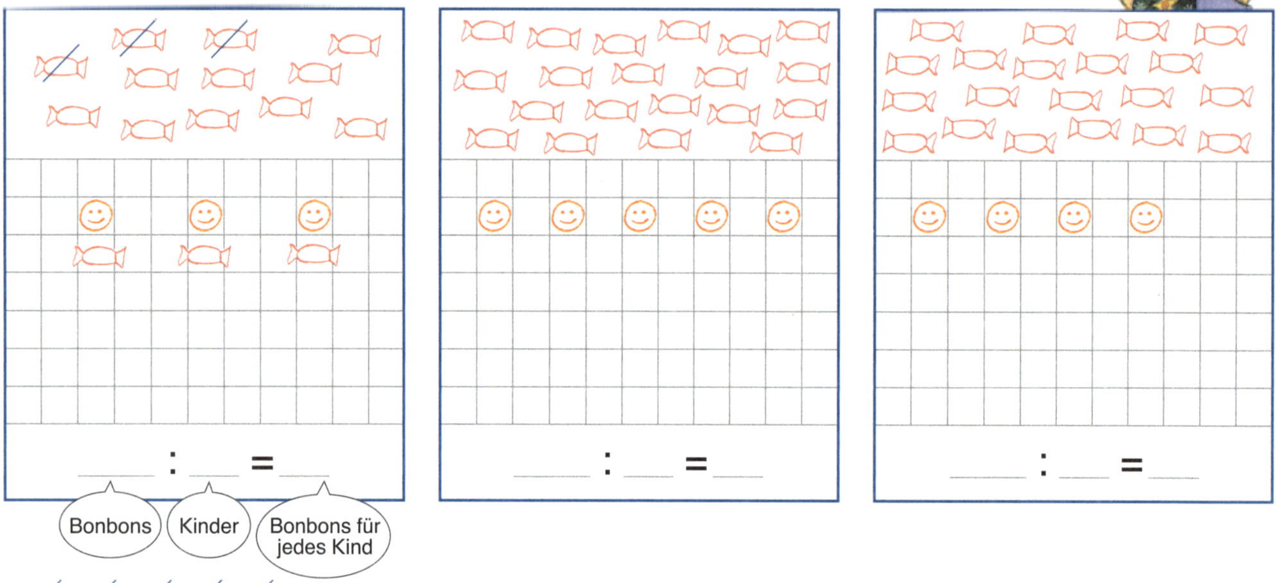

___ : ___ = ___　　___ : ___ = ___　　___ : ___ = ___

3

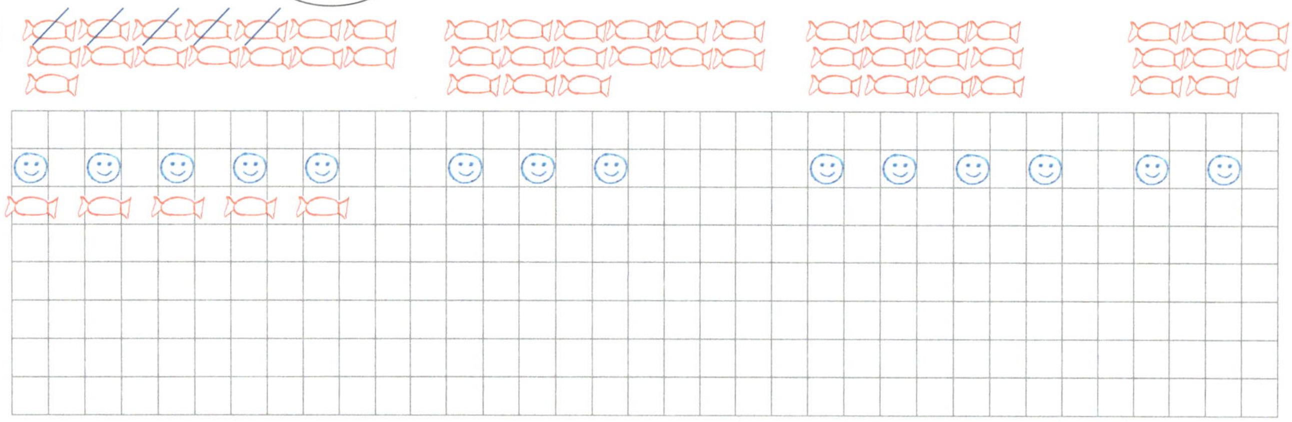

___ : ___ = ___　　___ : ___ = ___　　___ : ___ = ___　　___ : ___ = ___

4

___ : ___ = ___ Rest ___　　___ : ___ = ___ R ___

Rechentrick: Umkehraufgabe!

1 Welche beiden Rechnungen passen dazu? Male sie gelb an.

12 : 3 = 4

12 + 3 = 15

4 • 3 = 12

12 – 3 = 9

Erst zur Malaufgabe eilen – und dann teilen.

__ • 3 = 12

12 : 3 = __

2

15 : 3 = __ E

__ • 3 = 15

10 : 2 = __ E

__ • 2 = __

3 : 1 = __ I

__ • 1 = __

3 : 3 = __ F

__ • 3 = __

24 : 6 = __ S

__ • 6 = __

8 : 4 = __ R

__ • 4 = __

20 : 5 = __ S

__ • 5 = __

12 : 6 = __ R

__ • 6 = __

3

13 : 5 = __ R __

__ • 5 + __ = __

14 : 4 = __ R __

__ • 4 + __ = __

8 : 3 = __ R __

__ • 3 + __ = __

9 : 4 = __ R __

__ • 4 + __ = __

DER REGENWURM __ __ __ __ __ T SICH DURCH

1 2 3 4 4

DIE __ __ D __ .

5 2 5

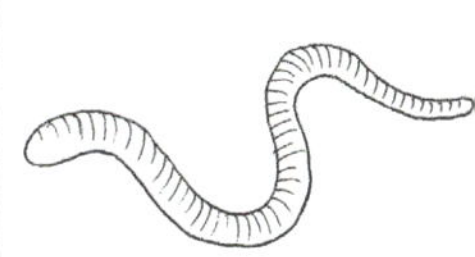

Verdoppeln und halbieren

MB Seite 60

1 Verdoppeln heißt, das Gleiche noch einmal. Male und rechne.

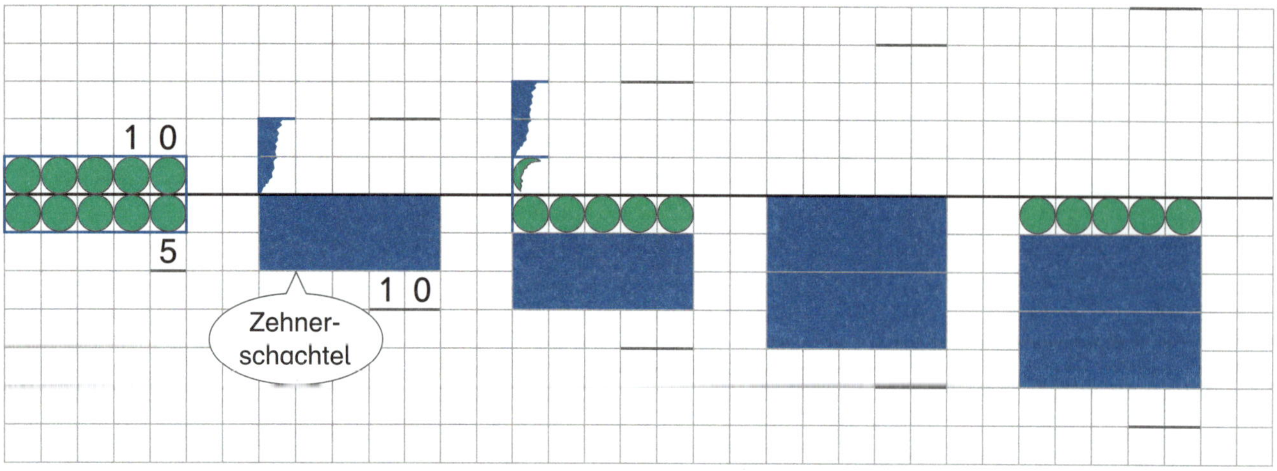

2 • 5 = ___   2 • 10 = ___   2 • ___ = ___   2 • ___ = ___   ___ • ___ = ___

2 Halbieren heißt, gerecht an 2 verteilen. Male und rechne.

10 : 2 = ___   30 : 2 = ___   50 : 2 = ___   70 : 2 = ___   90 : 2 = ___

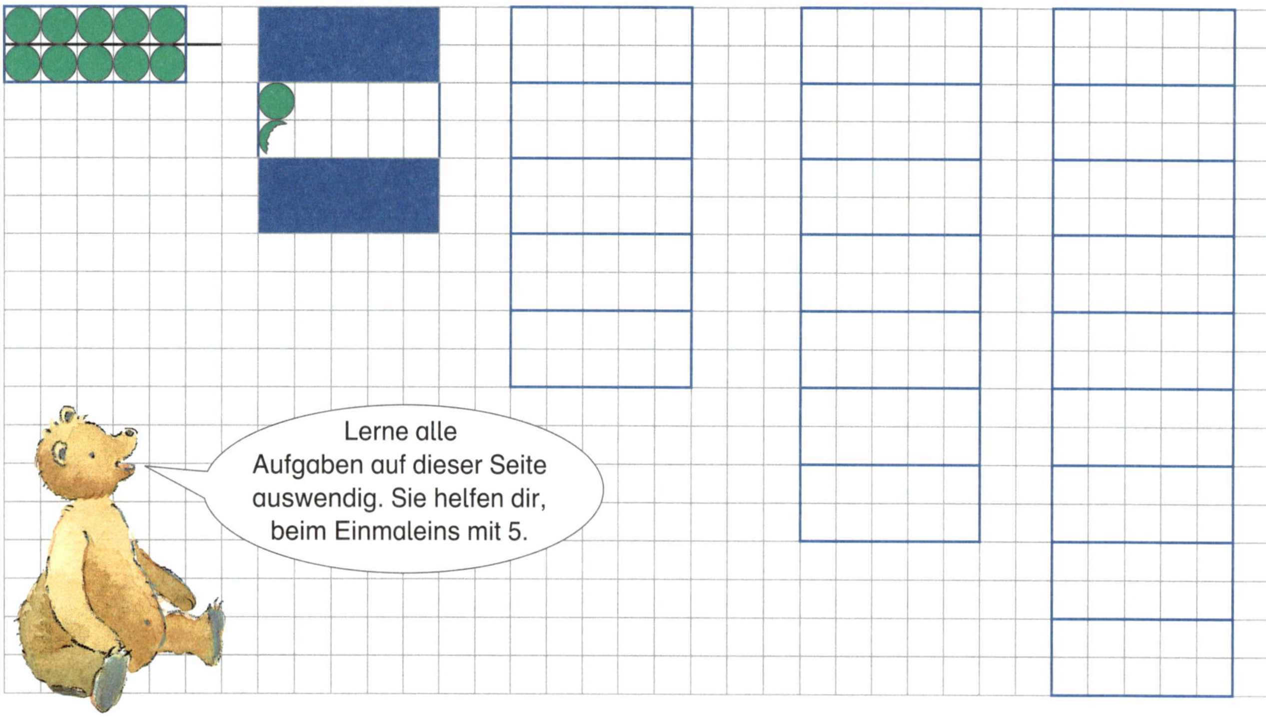

3

2 • 10 = ___ E	2 • 5 = ___ M	10 : 2 = ___ A	60 : 2 = ___
2 • 20 = ___ I	2 • 15 = ___ N	20 : 2 = ___	70 : 2 = ___ N
2 • 30 = ___ H	2 • 25 = ___ I	30 : 2 = ___ S	80 : 2 = ___
2 • 40 = ___ C	2 • 35 = ___ E	40 : 2 = ___	90 : 2 = ___ S
2 • 50 = ___ E	2 • 45 = ___ K	50 : 2 = ___ L	100 : 2 = ___

									T	E	N		N						N .
5	10	15	20	25	30	35	40	45				50		60	70	80	90	100	

Mein Finger-Einmaleins •2

1 Blitzgescheit in kurzer Zeit!

Verdoppeln

7	8	4	6	10	9	2	11	12
14								
I	N	N	E	M	S	E	I	T

Halbieren

5									
10	14	0	20	12	18	2	22	4	6
R	I	F	A	E	M	I	L	N	G

Es folgt das

0	1	2	3	4	5	6	7	8	9	10	11	12	14	16	18	20	22	24

•2!

2 Lerne mit dem Finger-Einmaleins: Mein Mathebuch 2, Seite 61.

2 • 2 = ___

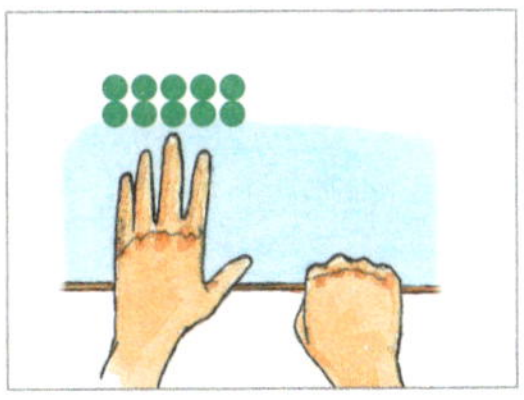

___ • ___ = ___

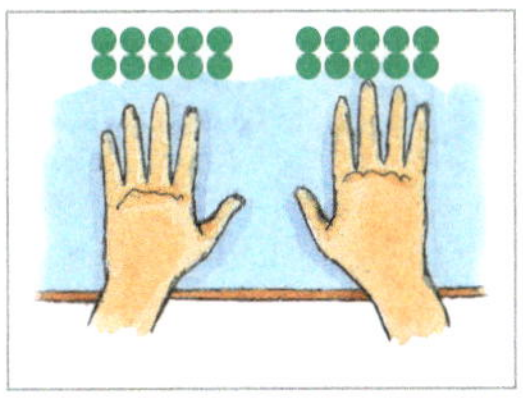

___ • ___ = ___

___ • ___ = ___

3

___ • 2 = ___

___ • 2 = ___

___ • ___ = ___

___ • ___ = ___

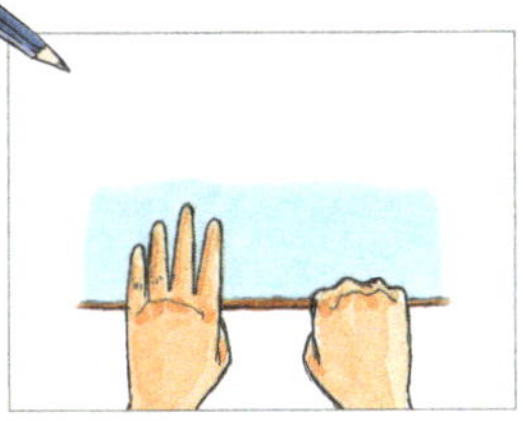

___ • ___ = ___

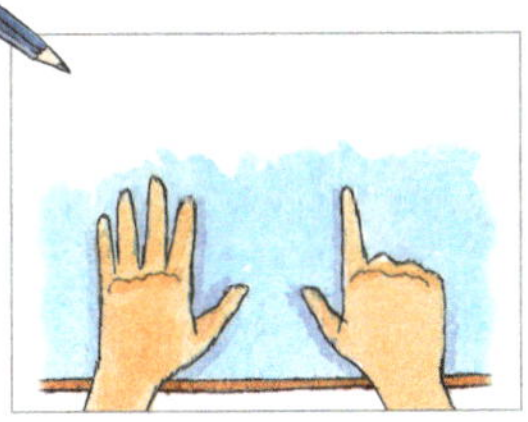

___ • ___ = ___

Das Einmaleins •2 gehört zu den wichtigen Kernaufgaben! Übe es immer wieder, dann kannst du es bald auswendig!

4

3 • 2 = ___ 7 • 2 = ___ 1 • 2 = ___ 2 • 8 = ___ 2 • 4 = ___

2 • 3 = ___ 2 • 7 = ___ 2 • 1 = ___ 2 • 9 = ___ 2 • 6 = ___

5

4 • 2 = ___ 8 • 2 = ___ 10 • 2 = ___

8 + 1 = ___ 16 + 1 = ___ 20 + 1 = ___

8 : 2 = ___ 16 : 2 = ___ 20 : 2 = ___

9 : 2 = ___ R ___ 17 : 2 = ___ R ___ 21 : 2 = ___ R ___

Kernaufgaben ·1 Kernaufgaben ·10

Das Einmaleins mit ·1 und ·10

FA 7 MB Seite 62

1 Blitzgescheit in kurzer Zeit!

2 · 2 = ___ A	2 · 7 = ___ I	14 : 2 = ___ I	4 : 2 = ___ N	10 : 2 = ___ L
6 · 2 = ___ E	2 · 3 = ___ E	20 : 2 = ___ L	18 : 2 = ___ S	6 : 2 = ___ M
9 · 2 = ___ H	2 · 8 = ___ C	16 : 2 = ___ N	0 : 2 = ___ E	2 : 2 = ___ I

Das folgende ☐☐☐☐☐☐☐☐☐☐ lernst du ☐☐☐☐☐ T.

0 1 2 3 4 5 6 7 8 9   10 12 14 16 18

2

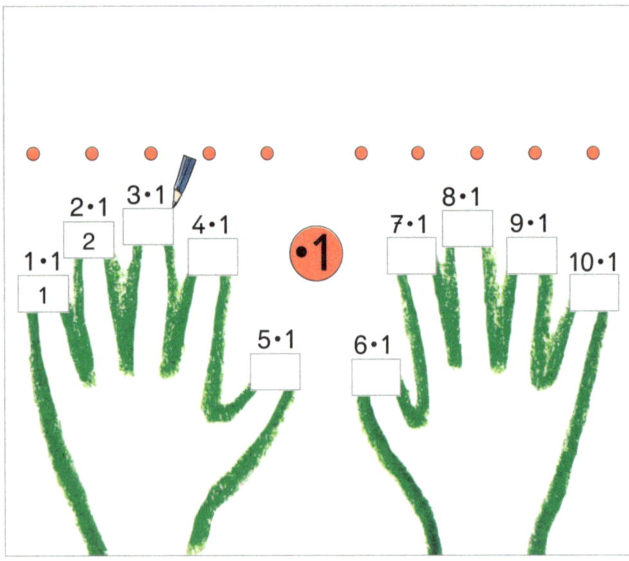

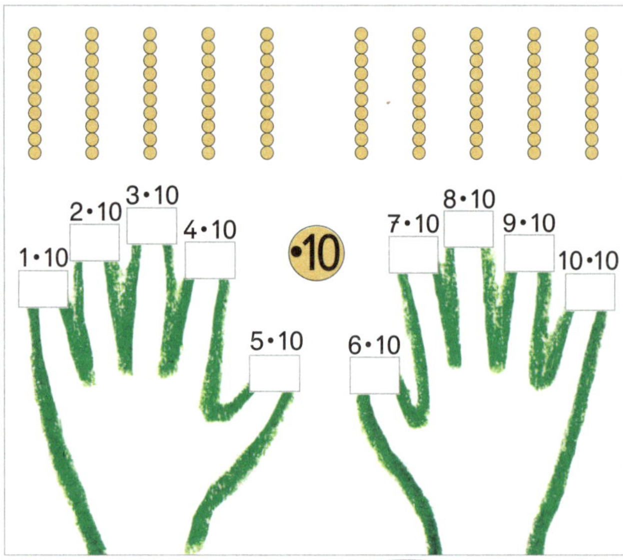

3

·	2	5	10	1	4	8	3	6	7	9	0
1											
10											
2											

4

:10 →	
30	
50	
90	
20	
10	
100	
70	

:1 →	
9	
2	
0	
8	
7	
5	
6	

:2 →	
2	
4	
8	
16	
10	
20	
6	

5

:10 →	
35	___ R ___
51	R
43	R
87	R
19	R
96	R
74	R

Das Einmaleins mit •5

Seiten 63,64 MB FA 8

1

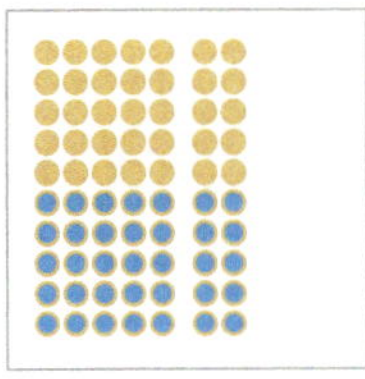
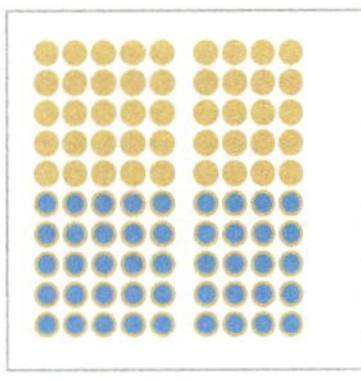
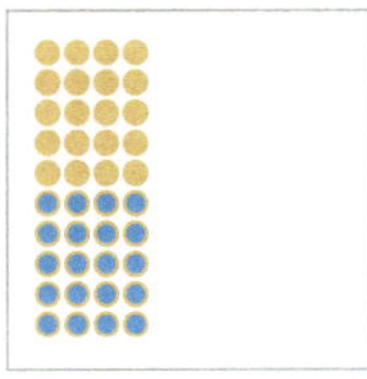

3 • 10 = ___	5 • 10 = ___	7 • 10 = ___	9 • 10 = ___	4 • 10 = ___
3 • 5 = ___ L	5 • 5 = ___ E	7 • 5 = ___ E	9 • 5 = ___ S	4 • 5 = ___ K
1 • 10 = ___	8 • 10 = ___	10 • 10 = ___	2 • 10 = ___	6 • 10 = ___
1 • 5 = ___ F	8 • 5 = ___ L	10 • 5 = ___ E	2 • 5 = ___ A	6 • 5 = ___ F

2

Eine Stunde (h) hat ___ Minuten (min).

___ min

___ min

1 • 5 = 5 — 5 Minuten (min)

2 • ___ = ___ — 10 min

___ • ___ = ___ — ___ min

___ min

___ min

___ min

___ min

___ min

___ min

___ min

___ min

___ min

Weißt du, wie viele Minuten vergangen sind? Stundenzahl **mal 5,** so geht's geschwind!

DER ☐☐☐☐☐ BRÜTET IN ☐☐☐☐☐ N.

5 10 15 20 25 — 30 35 40 45 50

Quadrataufgaben

FA 9 MB Seite 65

1 Blitzgescheit in kurzer Zeit!

8 Uhr ___ min	8 Uhr ___ min	8 Uhr ___ min	8 Uhr ___ min	8 Uhr ___ min
4 • 5 = ___ T	___ • 5 = ___ A	___ • ___ = ___ U	___ • ___ = ___ F	___ • ___ = ___ D

Es folgen nun QU A ___ R A ___ ___ ___ ___ G A B E N.

5 20 25 40 50

2 Male die 6 Quadrataufgaben gelb an. Woran erkennst du sie?

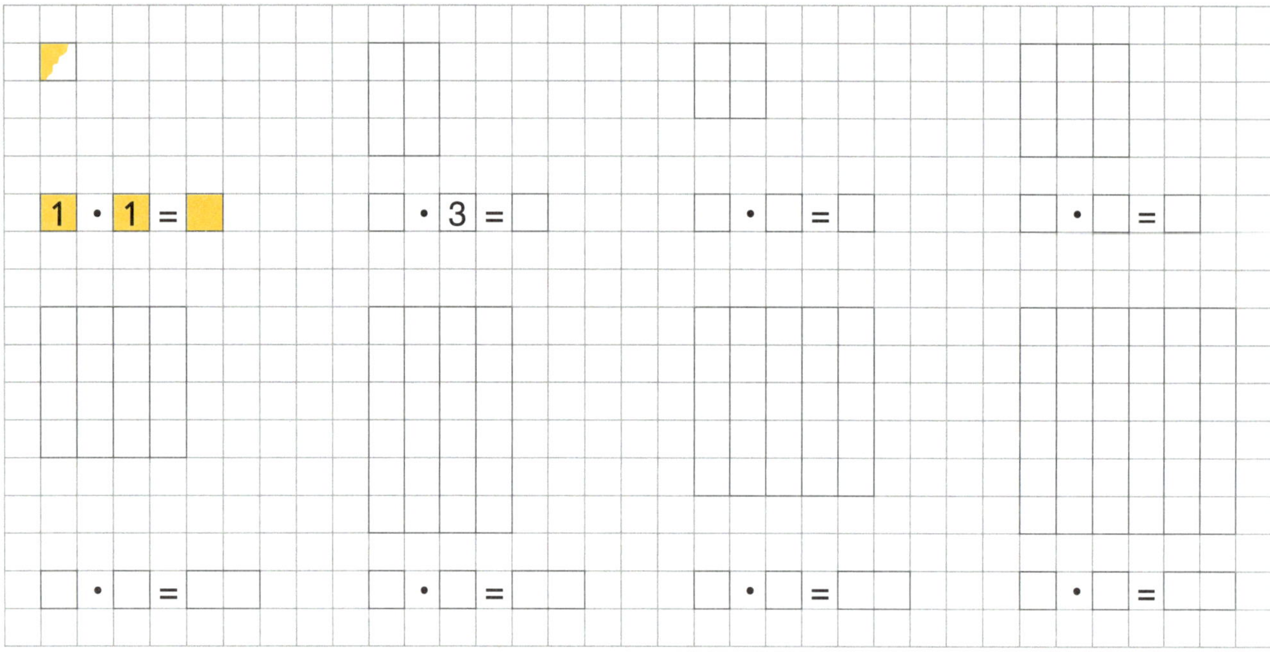

3

10 • 10 = ___	7 • 5 = ___	9 • 5 = ___	10 • 5 = ___	6 • 6 = ___
8 • 8 = ___	3 • 10 = ___	7 • 10 = ___	5 • 5 = ___	3 • 5 = ___
9 • 9 = ___	8 • 5 = ___	6 • 5 = ___	3 • 3 = ___	8 • 2 = ___
7 • 7 = ___	9 • 2 = ___	7 • 2 = ___	4 • 5 = ___	4 • 4 = ___

4

9 : 3 = ___	25 : 5 = ___	36 : 6 = ___	15 : 5 = ___	64 : 8 = ___
10 : 5 = ___	60 : 10 = ___	50 : 5 = ___	1 : 1 = ___	35 : 5 = ___
	49 : 7 = ___	4 : 2 = ___	40 : 5 = ___	100 : 10 = ___
	20 : 5 = ___	16 : 2 = ___	0 : 2 = ___	30 : 5 = ___

Kernaufgaben

1 Die braunen Felder gehören zu den Kernaufgaben: ·0 ·1 ·2 ·5 ·10 und den Quadrataufgaben. Diese Einmaleinsaufgaben kannst du schon. Schreibe die Ergebnisse in die braunen Felder.

•	0	1	2	3	4	5	6	7	8	9	10
0											
1											
2											
3											
4											
5											
6											
7											
8											
9											
10											

2 Aus den Kernaufgaben erwächst das ganze Ein____________!

a ei m n s l

3 Kernaufgaben und Tauschaufgaben. Rechne.

a) 3 • 5 = ___ 6 • 2 = ___ 4 • 10 = ___ 9 • 2 = ___ 7 • 5 = ___
5 • 3 = ___

b) 4 • 5 = ___ 3 • 10 = ___ 8 • 5 = ___ 4 • 2 = ___ 9 • 10 = ___

4 Die Kernaufgaben helfen.

3 • 3 + 1 • 3: 4 • 3 = ___ I
3 • 3 + 3 • 3: 6 • 3 = ___ E
5 • 3 + 2 • 3: 7 • 3 = ___ C
5 • 3 + 3 • 3: 8 • 3 = ___ H

2 • 6 + 1 • 6: 3 • 6 = ___ E
2 • 6 + 2 • 6: 4 • 6 = ___ H
5 • 6 + 2 • 6: 7 • 6 = ___ N
6 • 6 + 2 • 6: 8 • 6 = ___ R

2 • 7 + 1 • 7: 3 • 7 = ___ C
2 • 7 + 2 • 7: 4 • 7 = ___ Ö
5 • 7 + 1 • 7: 6 • 7 = ___ N
7 • 7 + 1 • 7: 8 • 7 = ___ N

DAS | | | | | | | | | | | | | SPRINGT VON BAUM ZU BAUM.

18	12	21	24	24	28	48	42	21	24	18	56

Das kann ich schon! 3

MB Seiten 67, 68

1 5 + 56 = ___

9 + 78 = ___

2 0 4 8 ___ ___ ___ ___ ___ ___ ___ 40

80 72 64 ___ ___ ___ ___ ___ ___ ___ 0

3 Stell dir vor, was entsteht:
Falte die linke obere Ecke auf die linke untere Ecke, dann die rechte obere Ecke auf die rechte untere Ecke.
Zeichne, was entsteht.

4 Male die passende Rechenaufgabe gelb an.

2 + 3 = 5	2 • 3 = 6

2 + 3 = 5	2 • 3 = 6

5 Verpacke immer 5 Äpfel in eine Tüte. Rechne.

___ : ___ = ___

6 Verdopple.

5	20	30	15	40	25	50	35	45

Halbiere.

10								
20	100	30	40	10	90	50	80	70

7

•	2	0	10	5	1	3	8	6	9	7
2										
5										
10										
1										
0										

8
36 : 6 = ___
18 : 2 = ___
81 : 9 = ___
40 : 5 = ___
64 : 8 = ___

9
35 : 7 = ___
30 : 6 = ___
60 : 6 = ___
45 : 9 = ___
12 : 6 = ___

10 Zeichne und rechne. 23 : 5 = ___ R ___

11

10 Uhr ___ min

4 Uhr 45 min

Bärenstark!

1 In den Kleeblättern sind Aufgaben versteckt. Ergänze.

- 3 – 5 – 15
- 7 – ___ N – 35
- ___ E – 9 – 81
- 6 – 6 – ___ R
- 9 – ___ H – 18

2 Im Klassenzimmer der Klasse 2a stehen 3 Reihen mit jeweils 3 Tischen. An jedem Tisch sitzen 2 Kinder.

F Wie viele Kinder sind in der Klasse?

R

A T

3 Im Klassenzimmer der Klasse 3a sind 3 Reihen mit jeweils 5 Tischen. An jedem Tisch sitzen 2 Kinder. 3 Kinder sind krank.

F Wie viele Kinder sind heute da?

R

A E

4 In jeder Tüte passt eine Zahl nicht. Streiche sie durch.

D	U	L	T	I	I
8, 4, 7, 2, 6	12, 8, 16, 4, 3	8, 3, 6, 9, 12	5, 20, 10, 17, 15	12, 24, 6, 20, 18	12, 7, 28, 21, 14

5 Wie viele Fliesen fehlen noch? ____

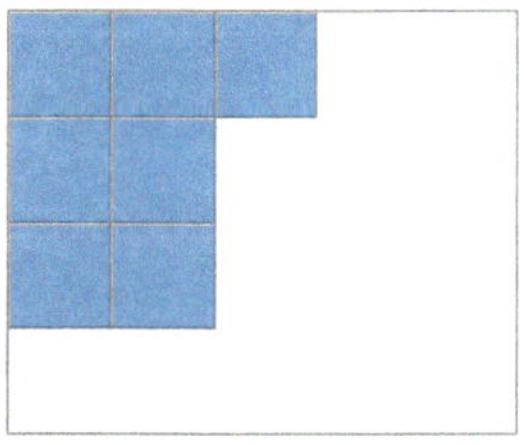

6 Welche 2 Formen haben die gleiche Anzahl blauer Fliesen? Kreise sie ein.

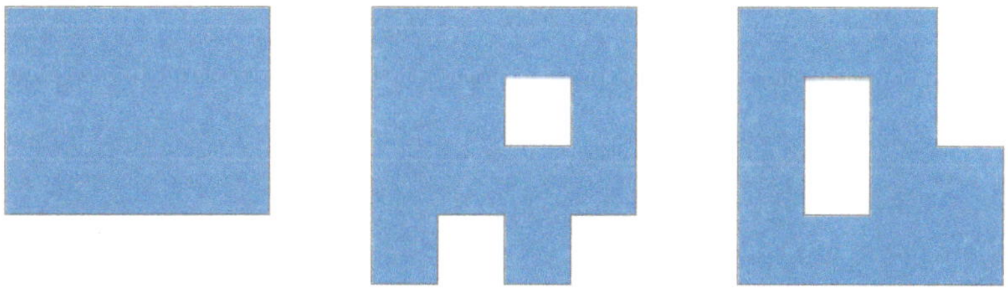

DER ☐☐☐☐ GEHORCHT DEM ☐☐☐☐☐☐☐☐.

2 3 5 7 — 8 9 12 17 18 20 27 36

Nachbaraufgaben •3 •9

1 Blitzgescheit in kurzer Zeit!

•	1	2	3	4	5	6	7	8	9
1	N		C				R		U
2	A	H	A	A		G	A	E	N
5	B		B	E	I		M		L
10	F		N	A	E	I	N	S	T

Noch mehr ☐☐☐☐☐☐☐☐☐☐☐☐☐☐☐

1 2 3 4 5 6 7 8 9 10 12 14 15 16 18

findest du in der ☐☐☐☐☐☐☐☐☐☐☐ A F E L .

20 25 30 35 40 45 50 60 70 80 90

2 Setze Kernaufgaben zusammen. Zeichne und rechne.

3 • 3 = ___
3 • 3 = ___
6 • 3 = ___

5 • 3 = ___
2 • 3 = ___
7 • 3 = ___

3 • 3 = ___
1 • 3 = ___
4 • 3 = ___

5 • 3 = ___
3 • 3 = ___
8 • 3 = ___

10 • 3 = ___
1 • 3 = ___
9 • 3 = ___

3

2 • 3 = ___ 6 : 3 = ___
5 • 3 = ___ 12 : 3 = ___
3 • 7 = ___ 30 : 3 = ___
3 • 4 = ___ 15 : 3 = ___

4

6 • 10 = ___
6 • 9 = ___

3 • 10 = ___
3 • 9 = ___

4 • 10 = ___
4 • 9 = ___

7 • 10 = ___
7 • 9 = ___

5 • 10 = ___ 8 • 10 = ___ 9 • 10 = ___ 2 • 10 = ___
5 • 9 = ___ 8 • 9 = ___ 9 • 9 = ___ 2 • 9 = ___

Zahlenstrahl und Rechenstrich

1

0 5 ___

2 Mit Zwischenlandung auf dem vollen Zehner!

a) Rechne mit dem Rechenstrich (+).

28 + 7 = ___ E (+2 +5; 28 30 ___)

47 + 6 = ___ E

56 + 8 = ___ H (+4 + ___; 56 ___ ___)

68 + 4 = ___ H

b) Rechne mit dem Rechenstrich (−).

41 − 8 = ___ N (−7 −1; ___ ___ 41)

84 − 6 = ___ E

92 − 5 = ___ T (− ___ −2; ___ ___ 92)

73 − 7 = ___ O

3

16 + 5 = ___ Ö (16)

64 − 5 = ___ M

34 − 6 = ___ E (34)

32 + 9 = ___ T

79 + 9 = ___ Ö

43 − 7 = ___ X

52 − 6 = ___ R

17 + 9 = ___ R

84 + 9 = ___ N

24 − 9 = ___ H

F	L	E	D	E	R	M	Ä	U	S	E

15	21	26	28	33

35	36	41	46	53	59

64	66	72	78

87	88	93	E

.

Längen vergleichen und messen

MB Seite 73

1 Die Striche zeigen, wie groß die verschiedenen Tiere werden können.
Schreibe zu jedem Strich das passende Tier.

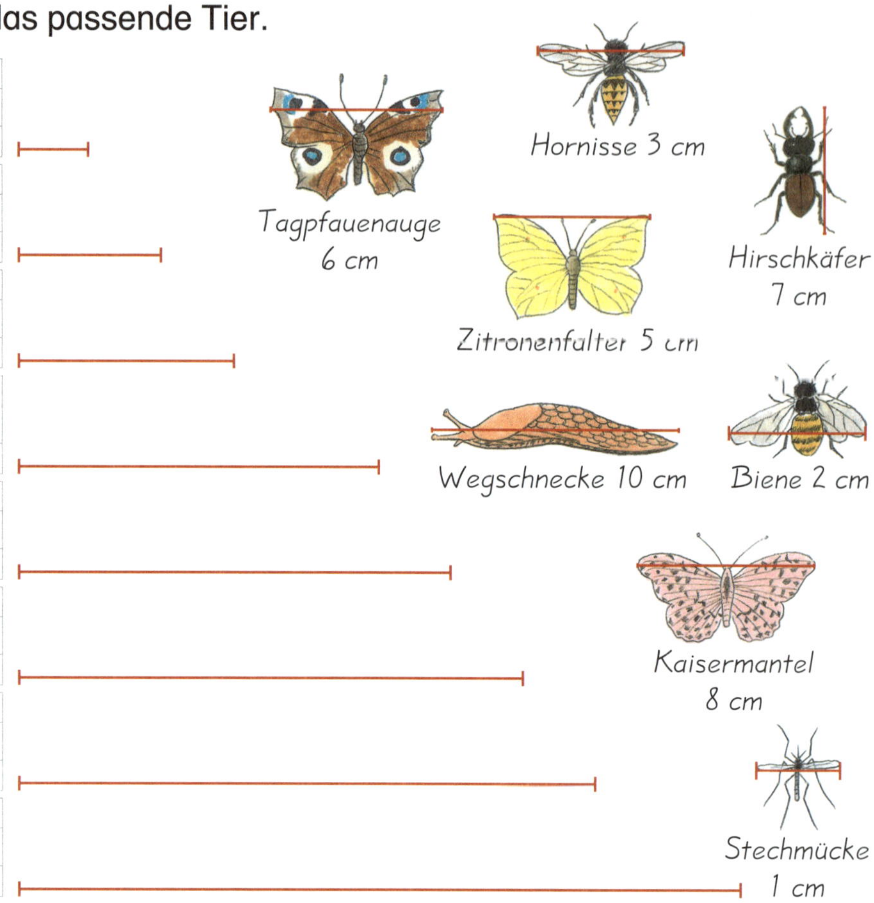

2 6 • 2 cm = ____ cm

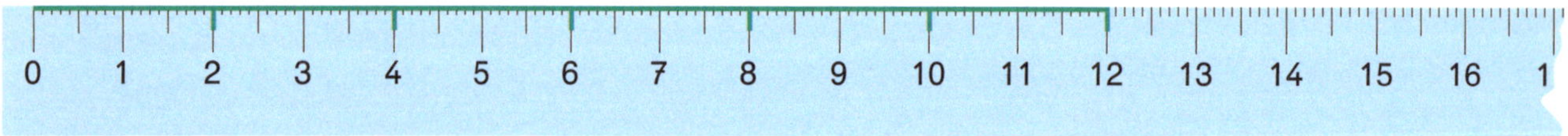

3 • 4 cm = ____ cm

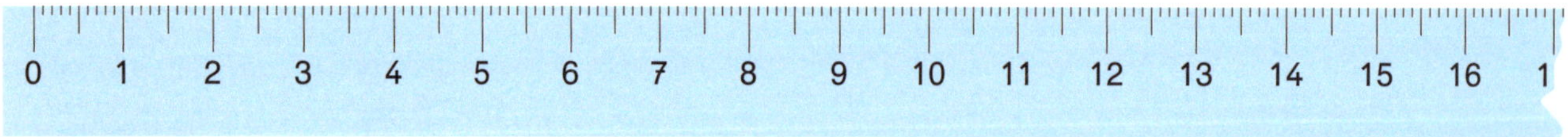

2 • 6 cm = ____ cm

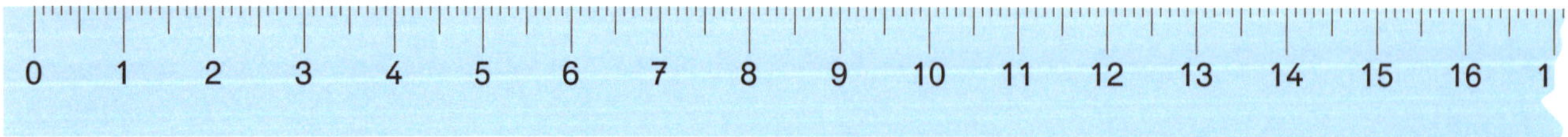

3 • 5 cm = ____ cm

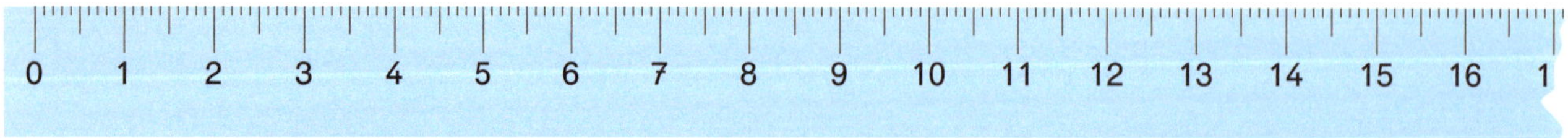

4 • 3 cm = ____ cm

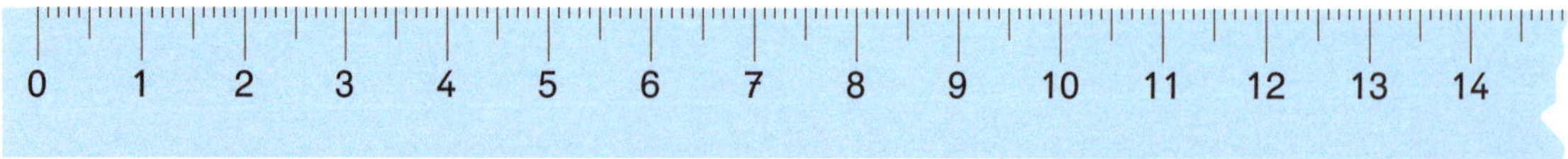

Zentimeter

3 Hungrige Tiere! Welches Tier hat den weitesten Weg bis zu seinem Futter?

Ich **schätze:** ______________________

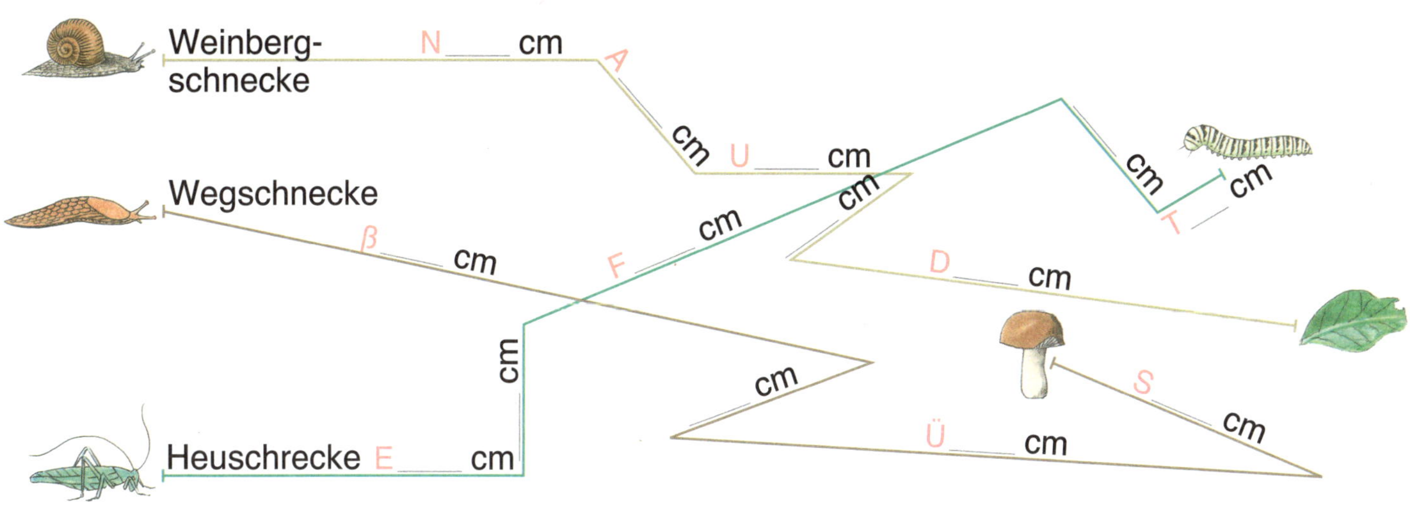

Ich **messe:** Weinbergschnecke ___ cm, Wegschnecke ___ cm, Heuschrecke ___ cm

4 ⓐ Schreibe in jede Flächenform die richtige Bezeichnung: Quadrat, Rechteck, Dreieck
ⓑ Zeichne mit dem Lineal alle Seiten der drei Formen rot.
ⓒ Kennzeichne die Flächen zart blau.

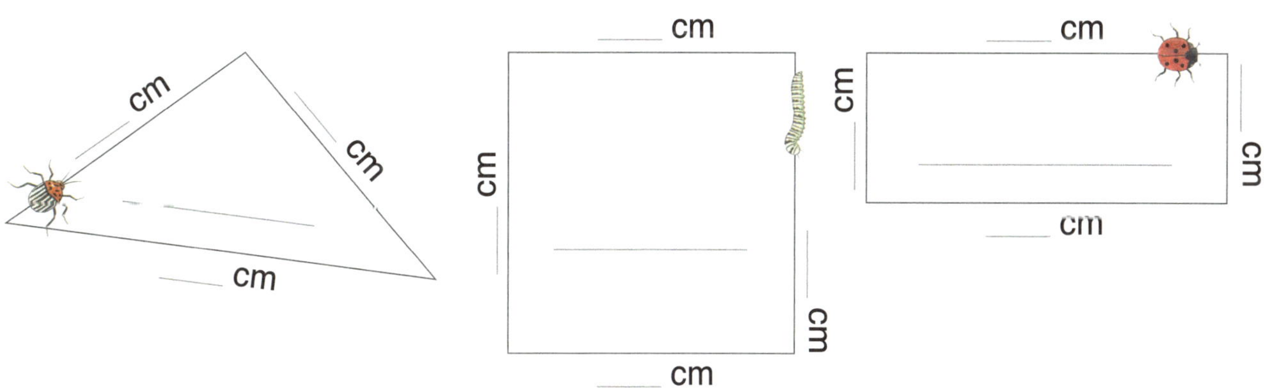

ⓓ Jedes Tier läuft an den Seiten einmal um seine Fläche herum.
Welche beiden Tiere haben einen gleich langen Weg?

Ich **schätze:** ______________________

Ich **messe:** Kartoffelkäfer ___ cm, Raupe ___ cm, Marienkäfer ___ cm

										L	E	R
1	2	3	4	5	6	7	8	9	10			

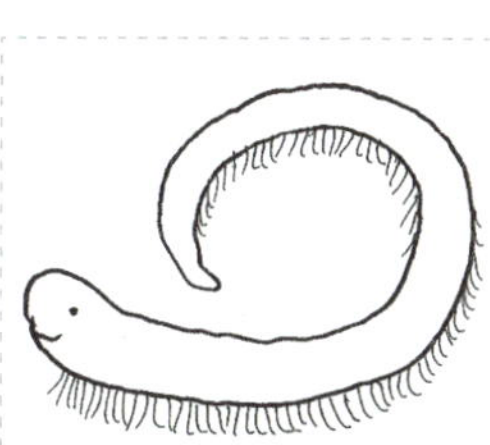

Meter und Zentimeter

MB Seiten 76, 77

1 Blitzgescheit in kurzer Zeit!

5 • 3 = ___ N 7 • 3 = ___ E 8 • 5 = ___ R 70 : 10 = ___ T 30 : 5 = ___ E

8 • 9 = ___ T 2 • 9 = ___ D 7 • 2 = ___ U 45 : 5 = ___ H 20 : 4 = ___ M

Ein				E	R	hat								Zentimeter.
	5	6	7				9	14	15	18	21	40	72	

2 ⓐ So groß können diese Tiere werden.
(Maße ohne Schwanzlänge)

1 m – 80 cm = ___ cm Igel

1 m – 90 cm = ___ cm Maus

1 m – 20 cm = ___ cm Fuchs

1 m – 70 cm = ___ cm Eichhörnchen

1 m – 50 cm = ___ cm Hase

1 m – 10 cm = ___ cm Biber

1 m – 30 cm = ___ cm Dachs

ⓑ Ordne die Tiere nach der Größe.

1. Biber 90 cm
2. ___
3. ___
4. ___
5. ___
6. ___
7. ___

3 Wie hoch sind diese Heckensträucher?

Heckenrose –
1 m höher als der
Himbeerstrauch:

___ m

Himbeere:

2 m

Liguster –
doppelt so hoch
wie der Himbeer-
strauch:

___ m

Pfaffenhütchen –
dreimal so hoch
wie der
Himbeerstrauch:

___ m

1 Zeichne jeweils die einfachere Darstellung ab.

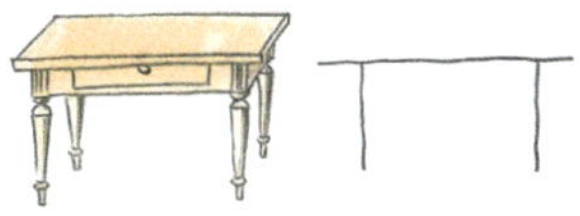

Beim Sachrechnen:

s n ö u

Zeichne einfach, zeichne klar, schon stellt sich die L __ __ __ __ g dar.

2 An einer Ausflugsfahrt nach Malstadt nehmen 19 Personen teil.
In ein Auto passen höchstens 5 Personen. Wie viele Autos werden gebraucht?

R

A __ K ______________________

3 In Malstadt kauft Resul für sich und seine Freunde für 12 € Eis.
Eine Eistüte kostet 2 €. Wie viele Eistüten kauft Resul?

R

A __ N ______________________

4 An dem Ausflug nach Malstadt nehmen 3 Frauen, 2 Männer, 8 Mädchen und 6 Jungen teil. Beim Mittagessen will sich die Gruppe möglichst gleich auf 4 Tische verteilen. Wie viele Personen sitzen an den Tischen?

Tisch 1 ___ Personen
Tisch 2 ___ Personen
Tisch 3 ___ Personen
Tisch 4 ___ Personen

	A		I		C	H	E	
4		6		6				6

LEBEN IN GRUPPEN.

Rechnen ohne Zehnerübergang

1 Blitzgescheit in kurzer Zeit!

1 + 8 = ___ D 8 − 7 = ___ Z 4 + 4 = ___ N 20 + 70 = ___ R 100 − 80 = ___ I

3 + 4 = ___ U 9 − 6 = ___ H 9 − 5 = ___ N 10 + 50 = ___ N 70 − 60 = ___ E

2 + 3 = ___ E 6 − 4 = ___ E 10 − 4 = ___ R 0 + 80 = ___ E

1	2	3	4	5	6

7	8	9

10	20	60	80	90

2

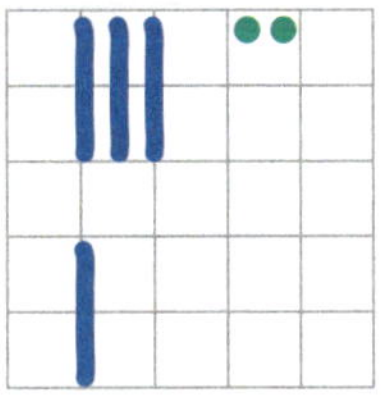

32 + 10 = ___

45 + 30 = ___

+20	
16	
48	
73	
25	
64	
31	
59	
3	
78	

3

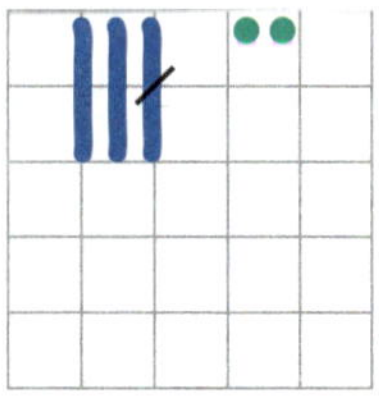

32 − 10 = ___

45 − 30 = ___

−20	
52	
39	
94	
76	
25	
81	
47	
63	
99	

4

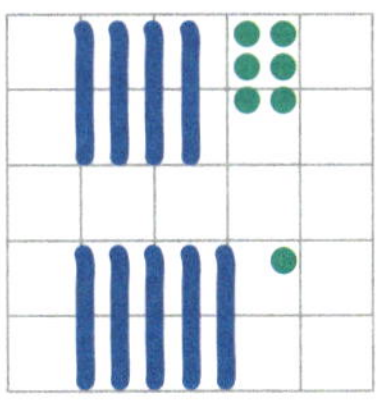

46 + ___ = ___

23 + 45 = ___

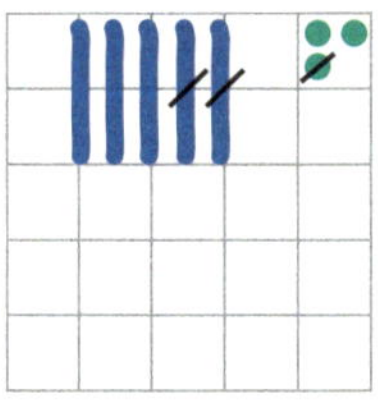

___ − 21 = ___

25 − 13 = ___

5

⊕ ___		⊖ ___		⊕ ___
10	+	79	=	___
21	+	68	=	___
32	+	57	=	___
43	+	___	=	___
___	+	___	=	___
___	+	___	=	___

⊖ ___		⊖ ___		◯ ___
98	−	75	=	___
88	−	65	=	___
78	−	55	=	___
68	−	___	=	___
___	−	___	=	___
___	−	___	=	___

⊖ ___		⊖ ___		◯ ___
98	−	27	=	___
88	−	26	=	___
78	−	25	=	___
68	−	24	=	___
___	−	___	=	___
___	−	___	=	___

Platzhalter

1

Am Anfang … Dann … Am Ende …

a) 12 + ___ = 35 45 + ___ = 68 24 + ___ = 56 31 + ___ = 43

Am Anfang … Dann … Am Ende …

b) 46 − ___ = 12 34 − ___ = 21 53 − ___ = 31 65 − ___ = 21

2 Welche Aufgaben (2) sind nicht lösbar?

a) 26 + ___ = 39 12 + ___ = 97
41 + ___ = 64 71 + ___ = 69

b) 29 − ___ = 14 37 − ___ = 49
67 − ___ = 13 65 − ___ = 23

3 Ist der Platz ganz vorne leer, rechne ich von hinten her: die Umkehraufgabe!

AU ___ + 15 = 46 A ___ + 16 = 58 S ___ − 15 = 41 E ___ − 82 = 14
L ___ + 38 = 79 C ___ + 27 = 89 B ___ − 21 = 13 H ___ − 53 = 31

4

	___	
___	21	
14	12	___

	___	
21	___	
___	12	14

	___	
21	___	
___	14	12

	___	
___	___	
12	21	14

5 Welche Zahl musst du zu 25 dazuzählen um 39 zu erhalten? ___ T

Welche Zahl musst du von 58 wegnehmen um 21 zu erhalten? ___ K

Welche Zahl musst du um 24 vergrößern, um 59 zu erhalten? ___ E

Welche Zahl musst du um 36 verkleinern, um 12 zu erhalten? ___ T

DIE FLÜGEL DER ___ ___ ___ ___ ___ ___ ___ ___ ___ ___ ___ ___ N
14 31 34 35 37 41 42 48 56 62 84 96

BEIM ABFLUG.

Das kann ich schon! 4

1

5 • 5 = ___	6 • 2 = ___	7 • 10 = ___	8 • 8 = ___
7 • 5 = ___	8 • 2 = ___	7 • 9 = ___	9 • 9 = ___
40 : 5 = ___	18 : 2 = ___	90 : 10 = ___	49 : 7 = ___
43 : 5 = ___ R ___	15 : 2 = ___ R ___	97 : 10 = ___ R ___	36 : 6 = ___

2 Miss mit dem Lineal. ___ cm

3 100 cm = 1 ___

4 In der Klasse 2a sind die Tische in 3 Reihen angeordnet. In jeder Reihe stehen 5 Tische. An einem Tisch sitzt 1 Kind, an den anderen Tischen jeweils 2 Kinder.

F Wie viele Kinder gehen in die Klasse 2a?

R ___

A ___

5 Fabians Mutter bestellt 3 Eisbecher. In jedem Becher sind 3 Kugeln Eis. Jede Eiskugel kostet 50 Cent.

F Wie viel muss Fabians Mutter bezahlen?

R ___

A ___

6

26 + 30 = ___	81 – 70 = ___	31 + ___ = 41	83 – ___ = 53
45 + 50 = ___	65 – 20 = ___	59 + ___ = 99	63 – ___ = 13

7

17 + 42 = ___	96 – 25 = ___	63 + ___ = 84	___ + 34 = 75
32 + 53 = ___	78 – 57 = ___	87 – ___ = 21	___ – 48 = 51

Bärenstark!

1

1 m 21 cm + 45 cm = ☐ m ☐ cm
1 m 21 cm + 45 m = ☐ m ☐ cm
2 m 15 cm + 8 cm = ☐ m ☐ cm
2 m 15 cm + 8 m = ☐ m ☐ cm
5 m 42 cm + 36 cm = ☐ m ☐ cm
5 m 42 cm + 36 m = ☐ m ☐ cm
24 m 36 cm − 9 cm = ☐ m ☐ cm
24 m 36 cm − 9 m = ☐ m ☐ cm
43 m 98 cm − 21 cm = ☐ m ☐ cm
43 m 98 cm − 21 m = ☐ m ☐ cm
56 m 79 cm − 35 cm = ☐ m ☐ cm
56 m 79 cm − 35 m = ☐ m ☐ cm

2 Wie groß sind diese Menschen?

___ m ___ cm (E) ___ m ___ cm (E)

___ m ___ cm (S) ___ m ___ cm (L)

DER ☐☐☐☐ SCHREIT „IAAH“.
2 24 30 50

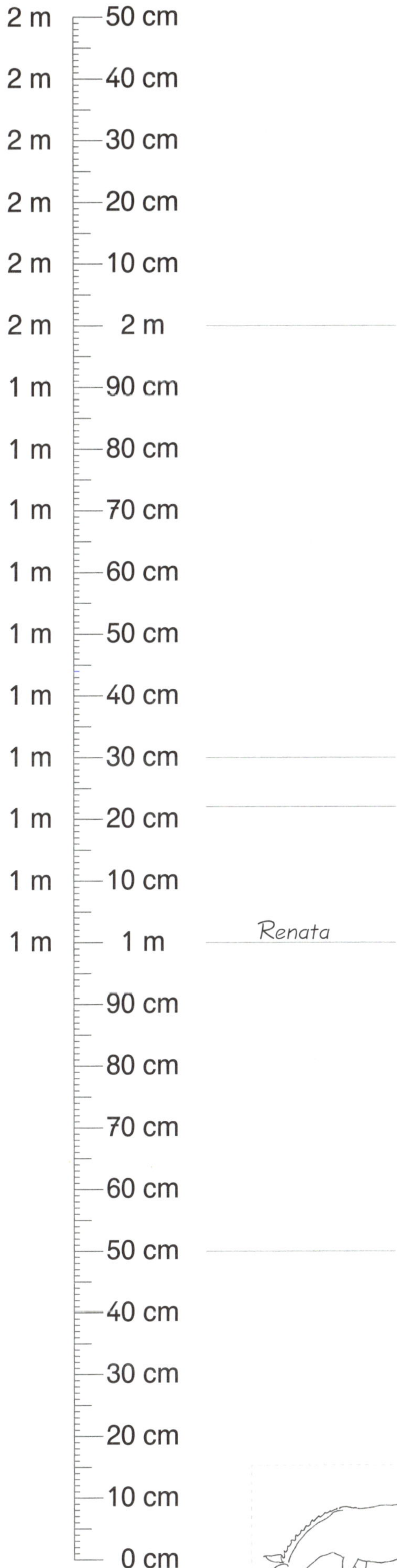

+ Rechnen mit Zehnerübergang

1 Blitzgescheit in kurzer Zeit!

27 + 30 = ___ Z 19 + 50 = ___ E 16 + 9 = ___ B 84 + 7 = ___ R

31 + 40 = ___ H 46 + 10 = ___ N 38 + 7 = ___ D 19 + 4 = ___ Ü

65 + 20 = ___ E 23 + 30 = ___ E 24 + 9 = ___ E 36 + 5 = ___ R

										N			!
23	25	33	41	45	53	56	57	69	71		85	91	

2 Zuerst die Zehner dazu, dann die Einer – oder umgekehrt! Male, wie du rechnest.

27 + 15 = ___ 19 + 27 = ___ 18 + 36 = ___ 24 + 27 = ___

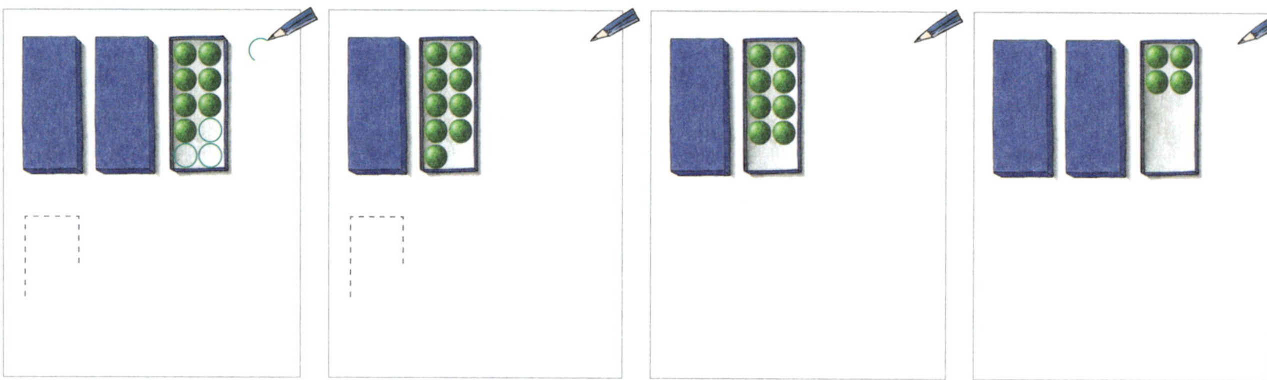

3

39 + 17 = ___ 56 + 25 = ___ 15 + 58 = ___

39 + ___ + ___ = ___ 56 + ___ + ___ = ___ 15 + ___ + ___ = ___

48 + 13 = ___ 27 + 64 = ___ 64 + 19 = ___

48 + ___ + ___ = ___ 27 + ___ + ___ = ___ 64 + ___ + ___ = ___

12 + 39 = ___ 43 + 28 = ___ 34 + 57 = ___

12 + ___ + ___ = ___ 43 + ___ + ___ = ___ 34 + ___ + ___ = ___

4

fast 30 fast ___

+	19	45	38	29	49
26					
48					
37					

fast 40 fast ___

+	35	16	47	38	18
26					
45					
18					

Das Einmaleins mit ·4 und ·8

1 Unter der 4er-Kette liegt die 8er-Kette. Male die 8er-Kette.

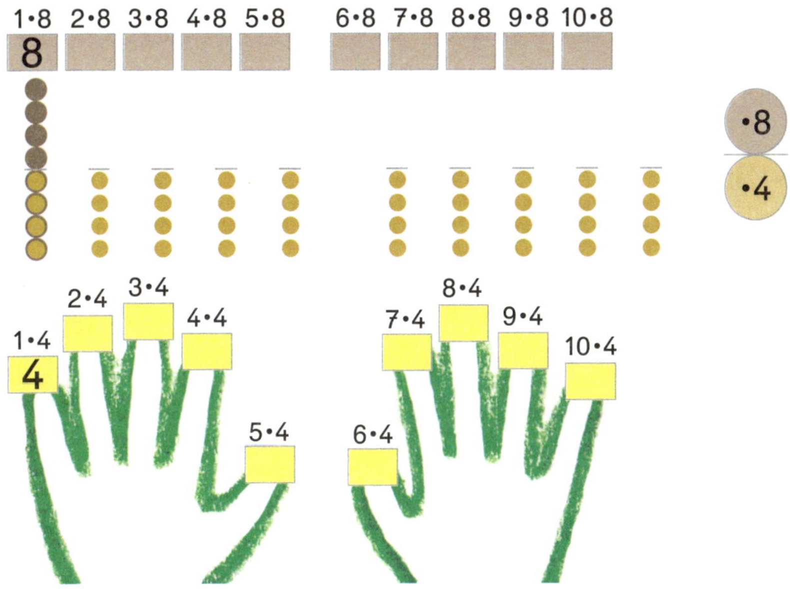

2

•	4	8
2		
5		
1		
10		
3		
9		
0		
4		
8		
6		
7		

3

:	8	4	1	10	5
16				R	R
32				R	R
24				R	R
40					
8				R	R
0					

4

:	3	6
12		
18		
24		

:	2	10
19	R	R
21	R	R
5	R	R

5

4 • 3 = ___ S
8 • 3 = ___ E
5 • 6 = ___ A
8 • 6 = ___ H
4 • 5 = ___ N

4 • 4 = ___ I
8 • 4 = ___ T
4 • 9 = ___ A
8 • 9 = ___ E
8 • 1 = ___ E

10 • 9 = ___ N
8 • 8 = ___ B
4 • 7 = ___ H
8 • 7 = ___ T
4 • 1 = ___ I

2 • 7 = ___ P
9 • 2 = ___ N
4 • 10 = ___ C
8 • 10 = ___ I
0 • 3 = ___ D

																				E .
0	4	8	12	14	16	18	20	24	28	30	32	36	40	48	56	64	72	80	90	

− Rechnen mit Zehnerübergang

FA 10 MB Seiten 90, 91, 92

1 Blitzgescheit in kurzer Zeit!

		100 − 4 = ___ R	33 − 8 = ___ N
63 − 10 = ___ D	96 − 40 = ___ E	51 − 8 = ___ E	42 − 5 = ___ T
89 − 20 = ___ E	76 − 30 = ___ R	91 − 9 = ___ H	99 − 6 = ___ E
53 − 30 = ___ U	87 − 20 = ___ N	100 − 8 = ___ N	71 − 3 = ___ Z

☐☐☐☐☐ ☐☐☐ ☐☐☐☐☐☐ !

23 25 37 43 46 53 56 67 68 69 82 92 93 96

2 Zuerst die Zehner wegnehmen, dann die Einer – oder umgekehrt!
Male, wie du rechnest.

32 − 14 = ___

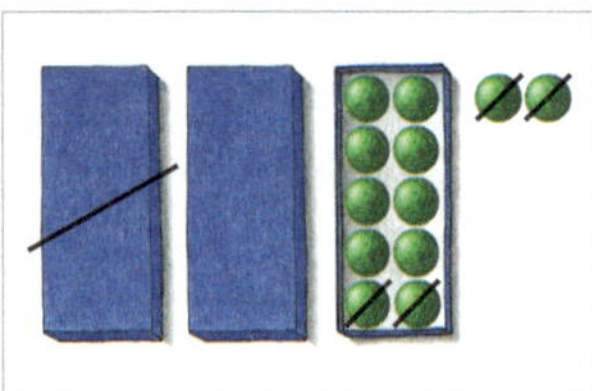

41 − 25 = ___

63 − 37 = ___

24 − 16 = ___

38 − 19 = ___

45 − 38 = ___

3

35 − 16 = ___
35 − ___ − ___ = ___

41 − 27 = ___
41 − ___ − ___ = ___

72 − 48 = ___
72 − ___ − ___ = ___

53 − 27 = ___
53 − ___ − ___ = ___

64 − 48 = ___
64 − ___ − ___ = ___

85 − 79 = ___
85 − ___ − ___ = ___

4

fast 50 (49) fast ___ (39)

−	16	38	27	49	39
51					
62					
73					
84					

fast 30 (28) fast ___ (48)

−	19	36	47	28	48
91					
83					
75					
64					

Rechentrick: Verwandte helfen!

1

15 + 27 = ___
27 + 15 = ___
___ − 27 = 15
___ − ___ = 27

___ + ___ = ___
___ + ___ = ___
___ − ___ = ___
___ − ___ = ___

___ + ___ = ___
___ + ___ = ___
___ − ___ = ___
___ − ___ = ___

Verwandte Aufgaben haben immer die
gl ________
Z ________ .

ei ch n e a l h e n

___ + ___ = ___
___ + ___ = ___
___ − ___ = ___
___ − ___ = ___

___ + ___ = ___
___ + ___ = ___
___ − ___ = ___
___ − ___ = ___

2

Rechentrick für (+) und (−) Aufgaben:
- Umkreise in der Aufgabe die größte Zahl.
- Überlege: Ist die fehlende Zahl größer oder kleiner als diese Zahl?

< 61

größer oder kleiner?

Die verwandte (+) Aufgabe hilft. Die verwandte (−) Aufgabe hilft.

Aufgabe	Verwandte Aufgabe
___ + 26 = (61)	61 − 26 = ___
17 + ___ = 54	
___ − 15 = 39	
48 − ___ = 29	

3

26 + ___ C = 51	92 − ___ E = 87	39 + ___ F = 54	57 − ___ U = 39
___ L + 35 = 82	___ A − 36 = 48	___ R + 48 = 57	___ U − 25 = 68
44 − ___ H = 18	19 + ___ Ä = 71	65 − ___ S = 28	87 + ___ D = 91
___ T − 52 = 9	___ I − 43 = 28	___ C − 16 = 27	___ H + 38 = 82
16 + ___ S = 52	___ M − 68 = 6	98 − ___ B = 19	37 + ___ F = 94

4	5	9		15	18	25	26	36		37	43	44	47	52	57	61		71	74		79	84	93

Unser Geld

MB Seiten 94, 95

1 Blitzgescheit in kurzer Zeit!

3 • 10 = ___ E	38 + 17 = ___ N	7 • 7 = ___ U
3 • 20 = ___ E	63 – 19 = ___ H	9 • 9 = ___ T
2 • 50 = ___ T	69 + 16 = ___ C	5 • 8 = ___ O
7 • 5 = ___ U	53 – 14 = ___ R	9 • 10 = ___ E

	I	N	E				H	A	T				D		R				N		.
30			32	35	39	40				44	49	55		60		81	85	90		100	

2 Bilde den Betrag mit möglichst wenigen Scheinen und Münzen.

	50 €	20 €	10 €	5 €	2 €	1 €
79 €	1	1		1	2	
89 €						
99 €						
47 €						

3 Wie viel Geld ist das?

50 €	20 €	10 €	5 €	2 €	1 €	
–	3	1	1	–	1	€
–	–	4	2	3	1	€
1	–	1	–	4	2	€
–	4	–	3	2	1	€

4 Das Komma trennt E ___ ___ ___ (o r u) und C ___ ___ ___ (t e n).

37 € 60 ct = 37,60 €	16 € 35 ct = ______	99 ct 98 € = ______
48 € 13 ct = ___ , ___ €	27 € 98 ct = ______	48 ct 84 € = ______
62 € 95 ct = ___ , ___ €	53 € 85 ct = ______	39 ct 72 € = ______

5

___ € ___ ct = ___ , ___ €

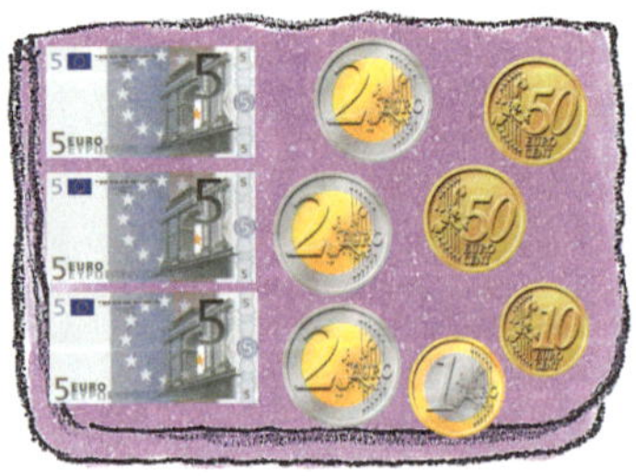

___ € ___ ct = ___ , ___ €

___ € ___ ct = ___ , ___ €

6 Mutter hat 100 €. Was kann sie kaufen? Finde drei verschiedene Möglichkeiten.

18 €

36 €

49 €

19 €

______

______

______

1 ⓐ Wie viel Taschengeld bekommen die Kinder in einer Woche?
Lies und unterstreiche die wichtigen Zahlen und Wörter.
ⓑ Überlege bei jeder Aufgabe: Rechnest du mit (+) oder (−), mit (·) oder (:)?

Ich habe nur halb so viel Taschengeld wie Julia.

R: ____ ◯ ____ = ______ M

Ich bekomme 30 Cent mehr als Moritz.

R: ____ ◯ ____ = ______ D

Ich bekomme doppelt so viel wie Julia.

R: ____ ◯ ____ = ______ E

Ich bekomme für jeden Tag in der Woche 10 Cent.

R: ____ ◯ ____ = ______ R

Ich bekomme 10 Cent weniger als Moritz.

R: ____ ◯ ____ = ______ A

Ich bekomme für jeden Schultag 50 Cent.

R: ____ ◯ ____ = ______ R

2 Ergänze das Schaubild mit den Namen der Kinder aus Aufgabe 1.

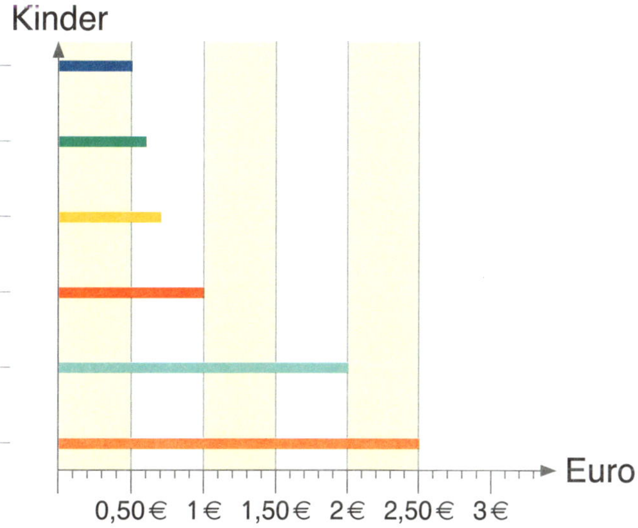

DER ☐☐☐☐☐☐ IST EIN FEIND DES EICHHÖRNCHENS.

50 ct	60 ct	70 ct	1 €	2 €	2,50 €

Das Einmaleins mit ·6 und ·7

1 Blitzgescheit in kurzer Zeit!

3 · 2 = ___ N	5 · 4 = ___ R	8 · 2 = ___ B	5 · 2 = ___ A
3 · 4 = ___ C	5 · 8 = ___ U	8 · 8 = ___ A	9 · 2 = ___ A
3 · 5 = ___ H	5 · 5 = ___ N	6 · 5 = ___ K	5 · 9 = ___ G

							-	U		D		E	R	N	A		F			B	E	N	!
6	10	12	15	16	18	20			25		30					40		45	64				

2 Aus ·5 wird ·6. Zeichne und rechne.

3 · 5 = ___ 8 · 5 = ___ 4 · 5 = ___ 9 · 5 = ___

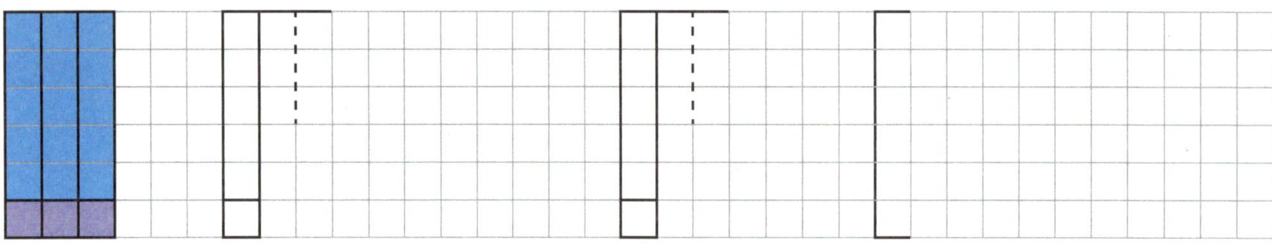

3 · 6 = ___ 8 · 6 = ___ 4 · 6 = ___ 9 · 6 = ___

7 · 5 = ___

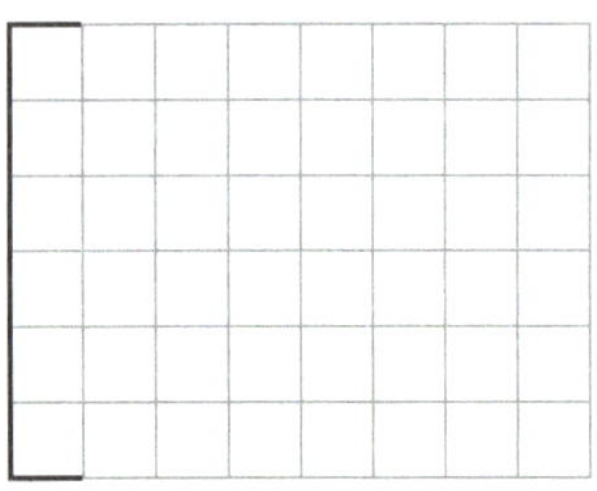

7 · 6 = ___

3 Denke an die Tauschaufgabe.

5 · 6 = ___	30 : 6 = ___	18 : 6 = ___
1 · 6 = ___	54 : 6 = ___	42 : 6 = ___
2 · 6 = ___	24 : 6 = ___	12 : 6 = ___
10 · 6 = ___	36 : 6 = ___	48 : 6 = ___

4 Mit Kernaufgaben ·7 entdecken. Zeichne und rechne.

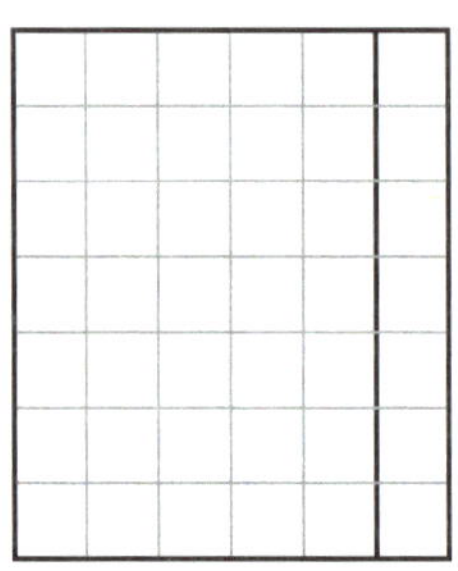

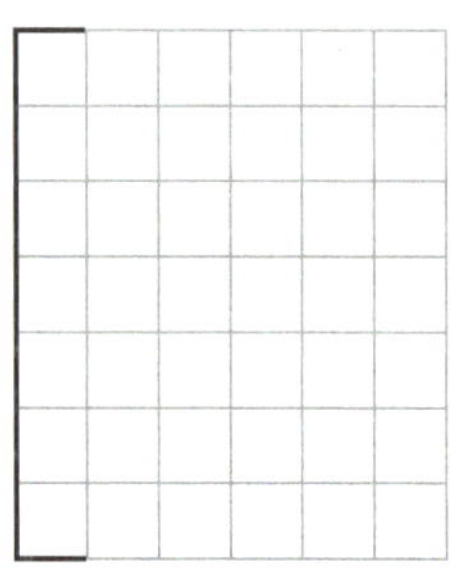

2 · 7 = ___	7 · 7 = ___
1 · 7 = ___	1 · 7 = ___
3 · 7 = ___	8 · 7 = ___

Tauschaufgabe
5 · 7 = 7 · 5

5 · 7 = ___	2 · 7 = ___	7 · 7 = ___
1 · 7 = ___	2 · 7 = ___	2 · 7 = ___
6 · 7 = ___	4 · 7 = ___	9 · 7 = ___

Rechentrick: Verwandte helfen!

1 Verwandte Aufgaben haben immer die
g ___ ___ ___ ___ ___ ___ ___ Z ___ ___ ___ ___ ___ .

ei l a e n h e ch n l

5 • 8 = ___
8 • 5 = ___
___ : 8 = 5
___ : 5 = 8

___ • ___ = ___
___ • ___ = ___
___ : ___ = ___
___ : ___ = ___

___ • ___ = ___
___ • ___ = ___
___ : ___ = ___
___ : ___ = ___

___ • ___ = ___
___ • ___ = ___
___ : ___ = ___
___ : ___ = ___

___ • ___ = ___
___ • ___ = ___
___ : ___ = ___
___ : ___ = ___

___ • ___ = ___
___ • ___ = ___
___ : ___ = ___
___ : ___ = ___

2 Beim Teilen kannst du zur M ___ ___ aufgabe eilen. (l a)

20 : 5 = ___ C
___ • 5 = 20

18 : 2 = ___ R
___ • ___ = ___

30 : 10 = ___ A
___ • ___ = ___

35 : 5 = ___ E
___ • ___ = ___

24 : 3 = ___ G
___ • ___ = ___

7 : 7 = ___ D
___ • ___ = ___

30 : 6 = ___ H
___ • ___ = ___

48 : 8 = ___ S
___ • ___ = ___

E ___ : 9 = 5
___ • 5 = ___

B ___ : 4 = 6
___ • ___ = ___

A ___ : 1 = 10
___ • ___ = ___

N ___ : 7 = 8
___ • ___ = ___

												TIEFE GÄNGE.
1	3	4	5	6	7	8	9	10	24	45	56	

Halbieren und besondere Muster

MB Seiten 101, 102

1 Blitzgescheit in kurzer Zeit!

16 : 2 = ___ Z　　12 : 2 = ___ D　　4 : 2 = ___ E　　40 : 2 = ___ L

20 : 2 = ___ H　　2 : 2 = ___ G　　6 : 2 = ___ R　　60 : 2 = ___ E

18 : 2 = ___ A　　14 : 2 = ___ E　　10 : 2 = ___ A　　100 : 2 = ___ N

1	2	3	5	6	7

8	9	10	20	30	50

: 2, 4, 6, ___, ___, ___, ___, ___, ___, ___ …

2

26 = 20 + 6　↓:2 ↓:2 ↓:2　___ = ___ + ___

42 = 40 + 2　↓:2 ↓:2 ↓:2　___ = ___ + ___

68 = 60 + 8　↓:2 ↓:2 ↓:2　___ = ___ + ___

84 = ___ + 4　↓:2 ↓:2 ↓:2　___ = ___ + ___

Zerlege in „gerade“ Zehner.

32 = 20 + ___　↓:2 ↓:2 ↓:2　___ = ___ + ___

36 = ___ + ___　↓:2 ↓:2 ↓:2　___ = ___ + ___

54 = ___ + ___　↓:2 ↓:2 ↓:2　___ = ___ + ___

58 = ___ + ___　↓:2 ↓:2 ↓:2　___ = ___ + ___

72 = ___ + ___　↓:2 ↓:2 ↓:2　___ = ___ + ___

76 = ___ + ___　↓:2 ↓:2 ↓:2　___ = ___ + ___

94 = ___ + ___　↓:2 ↓:2 ↓:2　___ = ___ + ___

98 = ___ + ___　↓:2 ↓:2 ↓:2　___ = ___ + ___

3 Male an: Zahlen der 2er-Reihe gelb, 4er-Reihe orange, 8er-Reihe rot

1	2	3	4	5	6	7	8	9	10
11	12	13	14	15	16	17	18	19	20
21	22	23	24	25	26	27	28	29	30
31	32	33	34	35	36	37	38	39	40
41	42	43	44	45	46	47	48	49	50
51	52	53	54	55	56	57	58	59	60
61	62	63	64	65	66	67	68	69	70
71	72	73	74	75	76	77	78	79	80
81	82	83	84	85	86	87	88	89	90
91	92	93	94	95	96	97	98	99	100

Male an: Zahlen der 3er-Reihe gelb, 6er-Reihe orange, 9er-Reihe rot

1	2	3	4	5	6	7	8	9	10
11	12	13	14	15	16	17	18	19	20
21	22	23	24	25	26	27	28	29	30
31	32	33	34	35	36	37	38	39	40
41	42	43	44	45	46	47	48	49	50
51	52	53	54	55	56	57	58	59	60
61	62	63	64	65	66	67	68	69	70
71	72	73	74	75	76	77	78	79	80
81	82	83	84	85	86	87	88	89	90
91	92	93	94	95	96	97	98	99	100

Was fällt dir auf ?

Bergsteigergeschichten

1 Umkreise in jeder Rechengeschichte die größte Zahl. Denke nach:
Wird die Lösungszahl ⋗ oder ⋖ als diese Zahl?

Setze richtig ein: ⊕ ⊖ ⊙ ⦂

Lösungszahl wird größer ⋗, ich rechne ◯ oder ◯.

Lösungszahl wird kleiner ⋖, ich rechne ◯ oder ◯.

Je, jeder, jeden, jeweils … führen meist zu ◯ oder ◯.

2 Jakob und seine Familie besteigen einen kleinen Berg. Sie legen 3 Pausen ein. Jede Pause dauert 10 Minuten. Wie viele Minuten hat die Familie insgesamt gerastet?

◯ R ____

A ____ Ö Minuten

3 Jakob findet unter einer Birke 19 Pfifferlinge und bei einer großen Fichte noch 27 Pfifferlinge. Wie viele Pfifferlinge hat er nun?

◯ R ____

A ____ I ____

4 Die Fichte ist 60 m hoch, die Birke 25 m. Wie viele Meter ist die Fichte höher?

◯ R ____

A ____ N ____

5 Jakobs Schwester pflückt 24 Blumen. Sie macht daraus 3 gleich große Sträuße. Wie viele Blumen sind in jedem Strauß?

◯ R ____

A ____ K ____

Ameisen haben

				G				E	
8	30	35	46		46	35	35		35

.

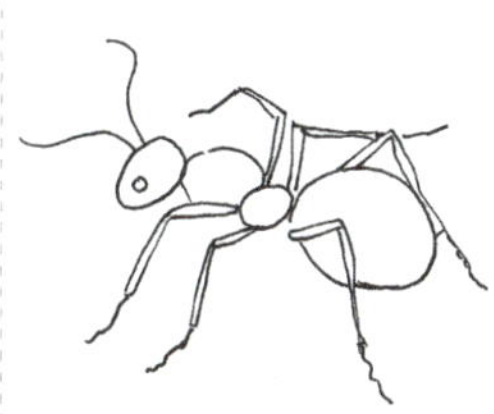

Intensivkurs: Teilen mit Rest

MB Seiten 106, 107

1 Blitzgescheit in kurzer Zeit!

				62 − 11 = ___ L
20 : 10 = ___ D	40 : 8 = ___ I	14 : 2 = ___ F	81 : 9 = ___ E	42 − 11 = ___ K
30 : 5 = ___ A	18 : 2 = ___ E	0 : 4 = ___ B	64 : 8 = ___ G	90 − 11 = ___ M
6 : 1 = ___ A	16 : 4 = ___ H	15 : 5 = ___ U	49 : 7 = ___ F	53 − 11 = ___ R
45 : 5 = ___ E	9 : 3 = ___ U	45 : 9 = ___ I	20 : 5 = ___ H	33 − 11 = ___ T

☐☐☐ ☐☐☐☐☐☐☐☐☐☐☐☐☐ ☐☐☐☐☐ .

2 5 9   3 79 31 9 4 42 6 3 7 8 6 0 9   4 5 51 7 22

2

23 : 3 = ☐ R ☐   13 : 2 = ☐ R ☐   23 : 4 = ☐ R ☐

28 : 5 = ☐ R ☐   25 : 4 = ☐ R ☐   19 : 3 = ☐ R ☐

3

7 · 3 = ___	6 · 2 = ___	5 · 4 = ___
21 + 2 = ___	12 + 1 = ___	20 + 3 = ___
21 : 3 = ___	12 : 2 = ___	20 : 4 = ___
23 : 3 = ___ R ___	13 : 2 = ___ R ___	23 : 4 = ___ R ___

4 · 9 = ___	7 · 8 = ___	8 · 6 = ___
36 : 9 = ___	56 : 8 = ___	48 : 6 = ___
42 : 9 = ___ R ___	60 : 8 = ___ R ___	52 : 6 = ___ R ___

Das kann ich schon! 5

1

+	16	43	64	36	25	52	38
29							

–	12	38	53	84	27	49	76
91							

2 a) Vergrößere 45 um die Zahl 16. R

b) Verkleinere 72 um die Zahl 23. R

3 ___ + 27 = 62   54 + ___ = 91   ___ – 19 = 36   64 – ___ = 29

4

Frau Reich bezahlt mit 50 €.
Wie viel Geld bekommt sie zurück?

R

A ______

5 Vor dem Klassenzimmer stehen 48 Schuhe.
Wie viele Kinder haben dort ihre Schuhe abgestellt?

R

A ______

6 3 Kinder sollen 27 Hefte austeilen. Jedes der 3 Kinder bekommt gleich viele Hefte. Wie viele Hefte teilt jedes Kind aus?

R

A ______

7

•	2	4	8	6	5
5					
3					
6					
7					
9					
4					
8					

8

48 : 6 = ___
35 : 7 = ___
32 : 4 = ___
56 : 8 = ___
54 : 6 = ___
63 : 9 = ___

9

34 : 10 = ___ R ___
13 : 5 = ___ R ___
17 : 2 = ___ R ___
25 : 10 = ___ R ___
44 : 8 = ___ R ___

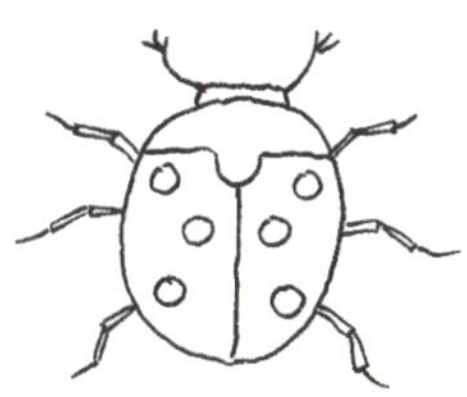

Bärenstark!

 MB Seite 111

1 Blitzgescheit in kurzer Zeit!

35 : 5 = ___ Ü 8 : 8 = ___ R 27 : 9 = ___ F 80 : 8 = ___ L 48 : 2 = ___ C

60 : 10 = ___ R 0 : 9 = ___ P 32 : 8 = ___ E 48 : 6 = ___ N 32 : 2 = ___ I

10 : 2 = ___ G 6 : 3 = ___ Ü 36 : 4 = ___ D 60 : 2 = ___ H

														!
0	1	2	3	4	5	6	7	8	9	10	16	24	30	

2 Die Klasse will Obstsalat zubereiten. Die Kinder kaufen ein.
Male jeweils das günstigere Angebot farbig.

2 Ananas 6 €

oder

3,50 €

Ludwig will 2 Ananas kaufen.

___

25 ct

oder

2 €

Sonja will 6 Kiwis kaufen.

R

20 ct

oder

1 €

Antonia soll 2 Bananen kaufen.

R

1,30 €

oder

50 ct

Jakob braucht 4 Äpfel.

R

4 €

oder

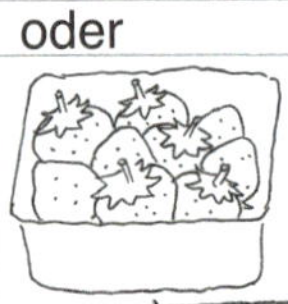

2,50 €

Fine braucht 3 Schalen Erdbeeren.

R

90 ct

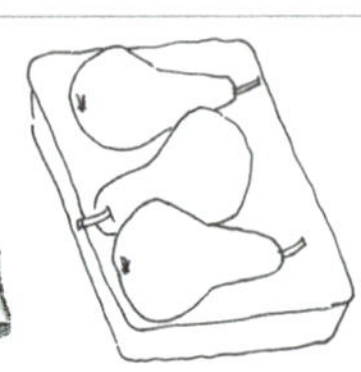

oder

50 ct

Christian will 2 Birnen kaufen.

R

Uhrzeit und Zeitdauer (Minuten)

1 1. Tageshälfte: 0.00 Uhr bis ____ Uhr.

2. Tageshälfte: 12.00 Uhr bis ____ Uhr.

2

1. Hälfte	0.15 Uhr	____ Uhr	____ Uhr	____ Uhr	____ Uhr
2. Hälfte	____ Uhr	____ Uhr	____ Uhr	____ Uhr	____ Uhr

3

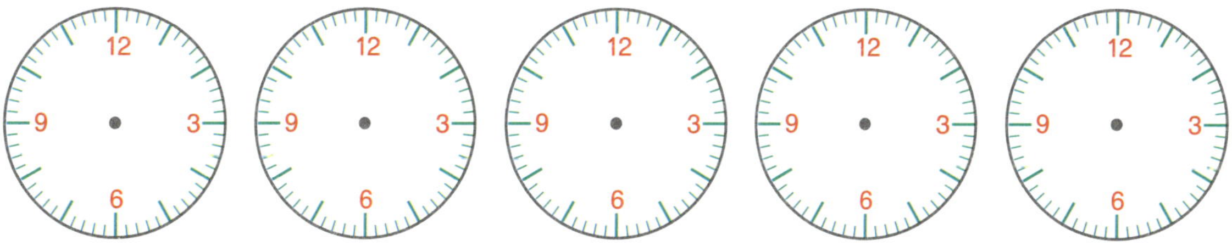

1. Hälfte	2.30 Uhr	____ Uhr	7.50 Uhr	____ Uhr	10.15 Uhr
2. Hälfte	____ Uhr	17.20 Uhr	____ Uhr	21.25 Uhr	____ Uhr

4

von	8.00 Uhr	9.00 Uhr	10.15 Uhr	12.35 Uhr	14.50 Uhr

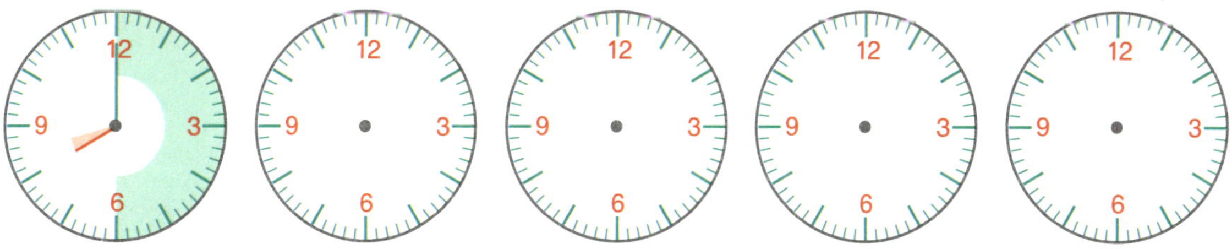

bis	8.30 Uhr	9.45 Uhr	10.45 Uhr	12.55 Uhr	15.05 Uhr
	___ min	___ min	___ min	___ min	___ min

5

Beginn	4.30 Uhr	2.45 Uhr	6.15 Uhr	9.35 Uhr	13.05 Uhr	17.25 Uhr
Dauer	Ä ____ min	K ____ min	E ____ min	R ____ min	N ____ min	H ____ min
Ende	5.00 Uhr	3.00 Uhr	7.00 Uhr	10.00 Uhr	14.00 Uhr	18.00 Uhr

35	30	35	55	45	15	25	30	35	45	55

Bibus Fahrplan 

1

1. Hälfte	6.25 Uhr	___ Uhr	00.05 Uhr	___ Uhr	___ Uhr
2. Hälfte	18.25 Uhr	N ___ Uhr	S ___ Uhr	D ___ Uhr	U ___ Uhr

25 Minuten später:

1. Hälfte	6.50 Uhr	___ Uhr	___ Uhr	___ Uhr	___ Uhr
2. Hälfte	___ Uhr	M ___ Uhr	T ___ Uhr	U ___ Uhr	N ___ Uhr

5 Stunden später:

1. Hälfte	11.50 Uhr	___ Uhr	___ Uhr	___ Uhr	___ Uhr
2. Hälfte	___.50 Uhr	E ___ Uhr	D ___ Uhr	T ___ Uhr	N ___ Uhr

					E	N
12.05	12.30	13.45	14.10	16.35		

17.00	17.15	17.30

	I		U			N
17.40		19.10		22.00	22.40	

2

Abfahrt	Fahrtdauer	Ankunft
8.00	h min	14.00
10.15	h min	10.45
11.20	h min	12.45
13.25	h min	16.35
14.05	h min	21.30

Abfahrt	Fahrtdauer	Ankunft
6.45	h min	7.00
8.30	h min	10.00
9.15	h min	12.00
10.25	h min	15.00
11.55	h min	23.00

3 Rechne zuerst zur vollen Stunde, dann gelingt die nächste Runde.

ABFAHRT ANKUNFT

7.45 —(+ ___ min)→ 8.00 —(+ ___ h ___ min)→ 10.15

7.45 —(+ ___ h ___ min)→ 10.15

9.35 —(+ ___ min)→ ___.00 —(+ ___ h ___ min)→ 12.10

9.35 —(+ ___ h ___ min)→ 12.10

24 60 60

1 Stunde = ___ Minuten

1 h = ___ min

1 Tag = ___ Stunden

Die Uhr im Alltag

1 Verbinde:

viertel nach 8	viertel vor 8	halb 8	dreiviertel 7	halb 9

1. Hälfte	7.30 Uhr	___ Uhr	___ Uhr	___ Uhr	___ Uhr
2. Hälfte	___ Uhr	___ Uhr	___ Uhr	___ Uhr	___ Uhr

eine Viertelstunde später:

1. Hälfte	___ Uhr	___ Uhr	___ Uhr	___ Uhr	___ Uhr
2. Hälfte	___ Uhr	___ Uhr	___ Uhr	___ Uhr	___ Uhr

2

5 Minuten nach 10	5 Minuten vor 10	5 Minuten nach halb 10	5 Minuten vor halb 10	10 Minuten vor 11

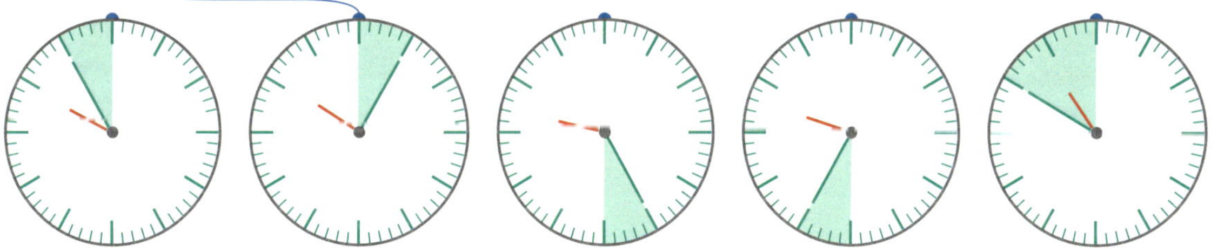

1. Hälfte	9.55 Uhr	___ Uhr	___ Uhr	___ Uhr	___ Uhr
2. Hälfte	___ Uhr	___ Uhr	___ Uhr	___ Uhr	___ Uhr

eine halbe Stunde früher:

1. Hälfte	___ Uhr	___ Uhr	___ Uhr	___ Uhr	___ Uhr
2. Hälfte	L ___ Uhr	E ___ Uhr	E ___ Uhr	U ___ Uhr	N ___ Uhr

3 Welche Uhrzeiten sind für dich wichtig? Zeichne und schreibe.

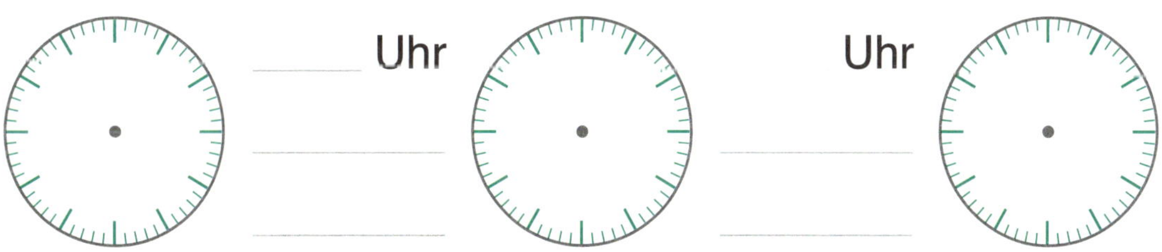

___ Uhr ___ Uhr ___ Uhr

20.55	21.05	21.25	21.35	22.20

JAGEN, WENN ES DUNKEL WIRD.

Von Flächen, Ecken und Kanten

MB Seiten 117, 118

1 Male die Flächen hellblau an. Zähle sie.

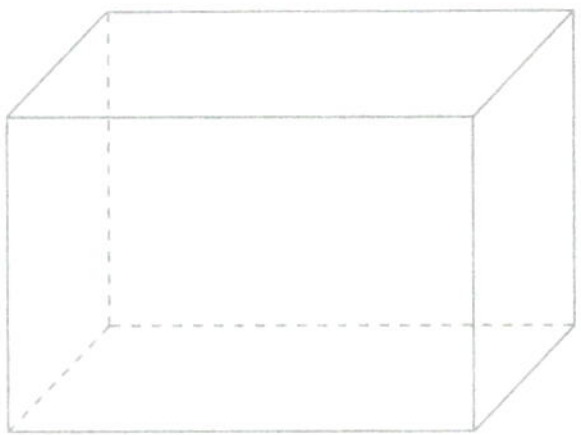

Quader
___ Flächen

2 Spure die Kanten rot nach. Zähle sie.

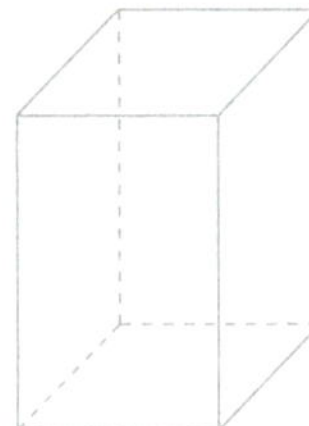

Quader
___ Kanten

3 Umkreise jede Ecke. Zähle die Ecken.

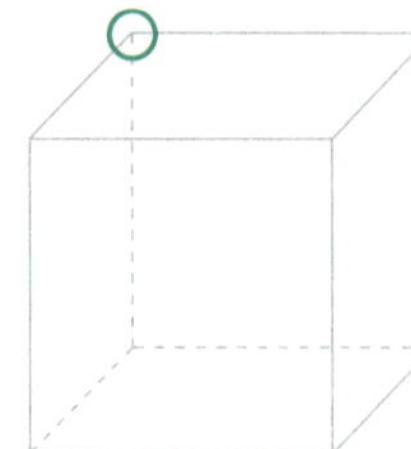

Würfel
Quader
___ Ecken

4

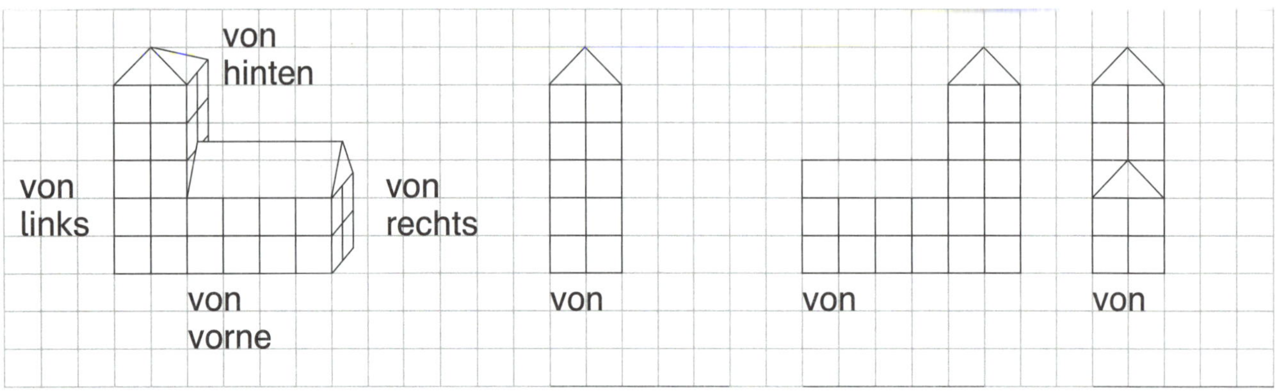

5

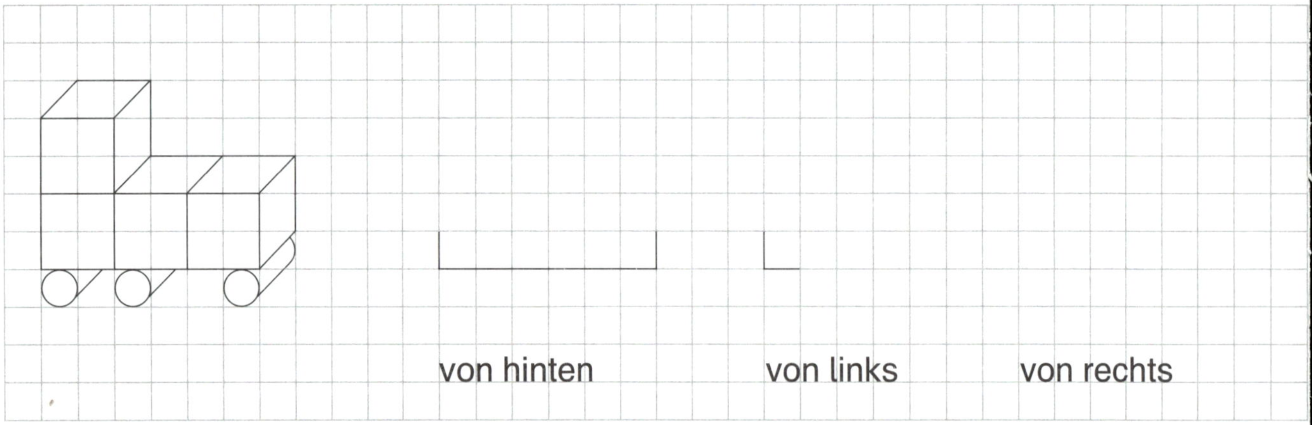

6 Zeichne gerade Linien von Zahl zu Zahl. Was entsteht – Quadrat, Rechteck, Dreieck? Erst nachdenken. Dann zeichnen.

______	______	______	Dreieck
1 3 15 13 1	6 3 8 11 6	2 5 10 15 12 2	______

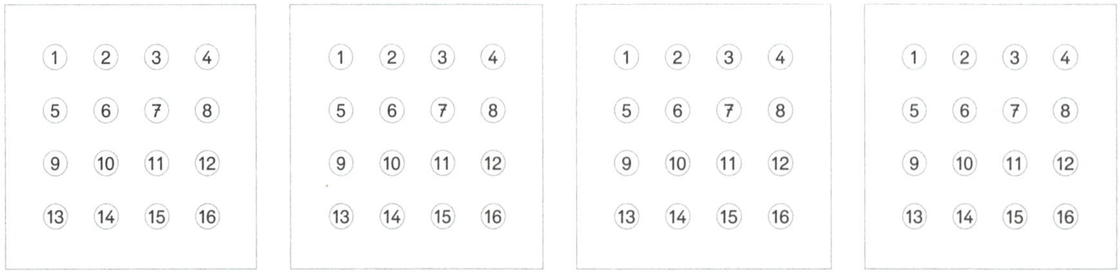

Es war einmal eine alte Geiß, die hatte 7 junge Geißlein. Die Geißlein waren stets hungrig, sie fraßen jede Woche zusammen 28 Bündel Gras.
Montag morgens um 7.00 Uhr sprach die Mutter: „Liebe Kinder, ich muss wieder hinaus in den Wald und Futter holen. Seid auf der Hut vor dem bösen Wolf. Wenn er hereinkommt, frisst er euch alle auf. An seinen schwarzen Pfoten und an seiner dunklen Stimme werdet ihr ihn erkennen. Auch ist er 50 cm größer als ich, denn ich bin nur 1,10 m groß." Dann ging die Geiß.
Um 9.45 Uhr klopfte jemand an die Tür und rief mit dunkler Stimme: „Macht auf, ihr lieben Kinder! Eure Mutter ist da."
Aber der Wolf hatte seine schwarze Pfote an das Fenster gelegt. Das sahen die Geißlein und riefen: „Wir machen nicht auf. Unsere Mutter hat keinen schwarzen Fuß und nicht so eine dunkle Stimme wie du."
Da streute sich der Wolf Mehl auf seine Pfoten und kaufte eine Packung mit 12 Stück Kreide. Davon fraß er 7 Kreidestücke, dann war seine Stimme hell. 2 Stunden später klopfte er wieder an die Tür und zeigte seine weiße Pfote.
Die Geißlein fragten: „Wie groß bist du?" Der Wolf war klug, er log und antwortete mit heller Stimme: „Ich bin 1,10 m groß."
Da öffneten die Geißlein die Tür …

1 Wie kannst du die Fragen beantworten? Kreuze an oder rechne.

	durch lesen	kann ich <u>nicht</u> beantworten	Es ist eine Rechenfrage F. Ich rechne R.
a Wie viele Geißen lebten im Haus?	☐	☐	
b Um wie viel Uhr klopfte der Wolf zum ersten Mal?	☐	☐	
c Wie groß war der Wolf?	☐	☐	
d Wie alt war die Geißenmutter?	☐	☐	
e Um wie viel Uhr klopfte der Wolf zum zweiten Mal?	☐	☐	

2 Schreibe zu dem Märchen eine weitere **Rechen**frage auf. Rechne.

F ______________________________

R ______________________________

A ______________________________

Für nimmersatte Mathebären

1

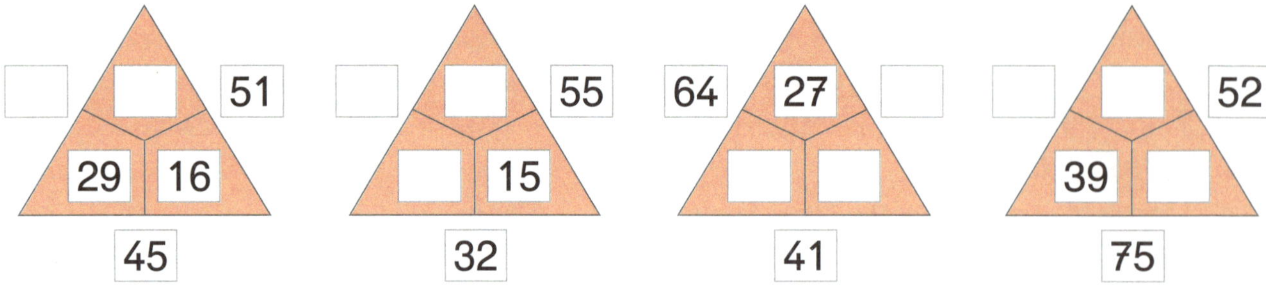

2 a) Bilde (+) Aufgaben entlang der Pfeile.

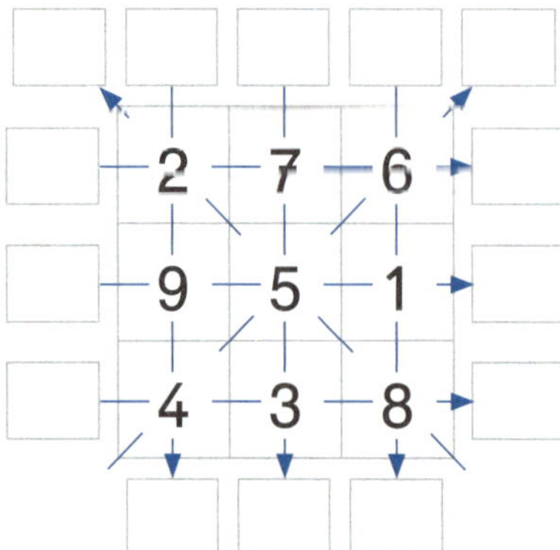

b) Der geheime Bauplan für Zauberquadrate! Kontrolliere, ob er stimmt.

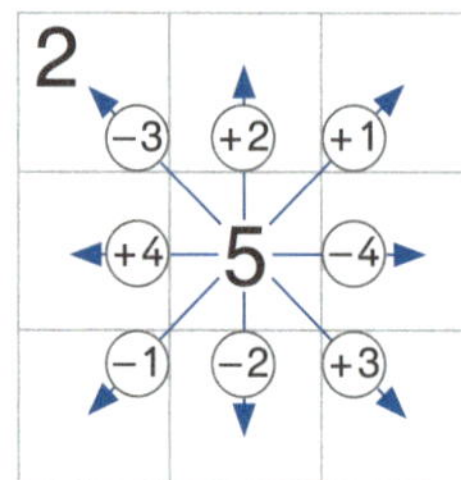

3 Baue Zauberquadrate. Der geheime Bauplan hilft dir.

	10	

	15	

	22	

	29	

4 Wie viele Beine?

5 Hunde ___ Beine

9 Enten ___ Beine

2 Ameisen ___ Beine

1 Käfer ___ Beine

10 Schlangen ___ Beine

5 20 Beine. Wie viele Tiere können es sein?

___ Hund	___ Enten	___ Hunde	___ Enten
___ Hunde	___ Enten	___ Hunde	___ Enten
___ Hunde	___ Enten	___ Hunde	___ Enten

6

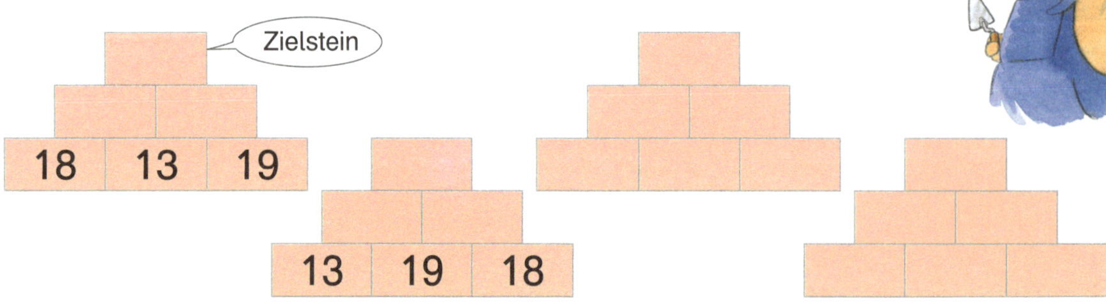

1

1. Hälfte ____ Uhr ____ Uhr ____ Uhr ____ Uhr ____ Uhr

2. Hälfte ____ Uhr ____ Uhr ____ Uhr ____ Uhr ____ Uhr

30 Minuten später:

1. Hälfte ____ Uhr ____ Uhr ____ Uhr ____ Uhr ____ Uhr

2. Hälfte ____ Uhr ____ Uhr ____ Uhr ____ Uhr ____ Uhr

2 Wie heißen diese Körper?

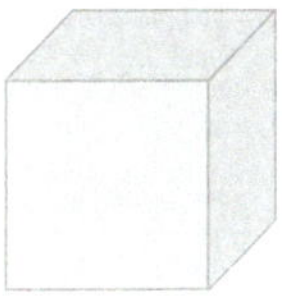

3 Wie heißen diese Flächen?

4 Male farbig. Ergebniszahl 5 10 25 50 65 100

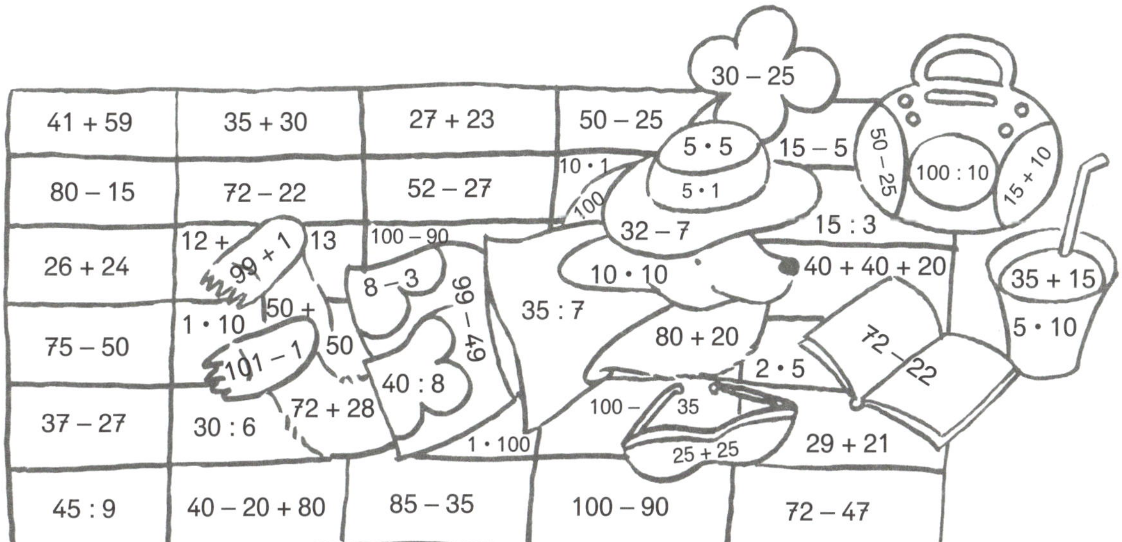

Unsere Tiere

Klebe das Bild auf die entsprechende Seitenzahl.

67	65	15	29	25
37	9	35	49	5
45	63	7	61	13
53	71	1	33	17
11	69	23	55	39
51	19	27	57	3
		31	47	43
		53	59	21

Quartett: Verwandte Aufgaben

$11 - 2 = $ ■ (11 − 2, 11 − 9, 9 + 2, 2 + 9)

$2 + 9 = $ ■ (11 − 2, 11 − 9, 9 + 2, 2 + 9)

$9 + 2 = $ ■ (11 − 2, 11 − 9, 9 + 2, 2 + 9)

$8 + 9 = $ ■ (17 − 8, 17 − 9, 9 + 8, 8 + 9)

$9 + 8 = $ ■ (17 − 8, 17 − 9, 9 + 8, 8 + 9)

$11 - 9 = $ ■ (11 − 2, 11 − 9, 9 + 2, 2 + 9)

$7 + 5 = $ ■ (12 − 5, 12 − 7, 7 + 5, 5 + 7)

$17 - 9 = $ ■ (17 − 8, 17 − 9, 9 + 8, 8 + 9)

$17 - 8 = $ ■ (17 − 8, 17 − 9, 9 + 8, 8 + 9)

$12 - 5 = $ ■ (12 − 5, 12 − 7, 7 + 5, 5 + 7)

Quartett: **Verwandte Aufgaben**
(Ein Spiel für 2 oder 4 Kinder)

Jedes Kind erhält gleich viele Kärtchen. Wenn es ein anderes Kind um ein Kärtchen bittet, muss es dazu die Lösung sagen.

$5 + 7 = $ ■ (12 − 5, 12 − 7, 7 + 5, 5 + 7)

$4 + 7 = $ ■ (11 − 4, 11 − 7, 7 + 4, 4 + 7)

$7 + 4 = $ ■ (11 − 4, 11 − 7, 7 + 4, 4 + 7)

$12 - 7 = $ ■ (12 − 5, 12 − 7, 7 + 5, 5 + 7)

$8 + 6 = $ ■ (14 − 6, 14 − 8, 8 + 6, 6 + 8)

$11 - 7 = $ ■ (11 − 4, 11 − 7, 7 + 4, 4 + 7)

$11 - 4 = $ ■ (11 − 4, 11 − 7, 7 + 4, 4 + 7)

$14 - 8 = $ ■ (14 − 6, 14 − 8, 8 + 6, 6 + 8)

$14 - 6 = $ ■ (14 − 6, 14 − 8, 8 + 6, 6 + 8)

$6 + 8 = $ ■ (14 − 6, 14 − 8, 8 + 6, 6 + 8)

Du kannst die Kärtchen in die Mathebox geben. Beschrifte sie vorher mit deinem Namen. Wiederhole sie regelmäßig.

Bibu

Name: 11

Name: 2

Name: 9

Name: 12

Name: 5

Name: 7

Name: 14

Name: 11

Name: 17

Name: 8

Name: 11

Name: 4

Name: 8

9

17

12

7

11

14

6

Quartett: Verwandte Aufgaben

15 − 7 | 15 − 8 | 8 + 7 | 7 + 8

15 − 7 = ■

15 − 7 | 15 − 8 | 8 + 7 | 7 + 8

7 + 8 = ■

15 − 7 | 15 − 8 | 8 + 7 | 7 + 8

8 + 7 = ■

13 − 5 | 13 − 8 | 8 + 5 | 5 + 8

5 + 8 = ■

13 − 5 | 13 − 8 | 8 + 5 | 5 + 8

8 + 5 = ■

15 − 7 | 15 − 8 | 8 + 7 | 7 + 8

15 − 8 = ■

16 − 7 | 16 − 9 | 9 + 7 | 7 + 9

9 + 7 = ■

13 − 5 | 13 − 8 | 8 + 5 | 5 + 8

13 − 8 = ■

13 − 5 | 13 − 8 | 8 + 5 | 5 + 8

13 − 5 = ■

16 − 7 | 16 − 9 | 9 + 7 | 7 + 9

16 − 7 = ■

Die Spielregeln findest du bei FA 1a.

16 − 7 | 16 − 9 | 9 + 7 | 7 + 9

7 + 9 = ■

13 − 6 | 13 − 7 | 7 + 6 | 6 + 7

7 + 6 = ■

13 − 6 | 13 − 7 | 7 + 6 | 6 + 7

6 + 7 = ■

16 − 7 | 16 − 9 | 9 + 7 | 7 + 9

16 − 9 = ■

11 − 3 | 11 − 8 | 8 + 3 | 3 + 8

8 + 3 = ■

13 − 6 | 13 − 7 | 7 + 6 | 6 + 7

13 − 7 = ■

13 − 6 | 13 − 7 | 7 + 6 | 6 + 7

13 − 6 = ■

11 − 3 | 11 − 8 | 8 + 3 | 3 + 8

11 − 8 = ■

11 − 3 | 11 − 8 | 8 + 3 | 3 + 8

11 − 3 = ■

11 − 3 | 11 − 8 | 8 + 3 | 3 + 8

3 + 8 = ■

15

7

8

16

7

7

11

15

13

5

Du kannst die Kärtchen in die Mathebox geben. Beschrifte sie vorher mit deinem Namen. Wiederhole sie regelmäßig.

Bibu

13

6

8

8

13

16

9

13

11

3

Name: (on every card)

Mit Schachteln bauen 

Auf jedem Streifen findest du die Bauanleitung für **ein** Gebäude.
Baue mit Streichholzschachteln.

Unsere Streichholzschachteln sehen so aus:

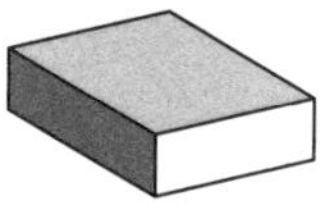

Überprüfe dein Gebäude mit der Rückseite des Streifens.

Erfinde selbst Gebäude und zeichne Baupläne. Du kannst die Bauanleitungen im Buch aufheben.

vorne

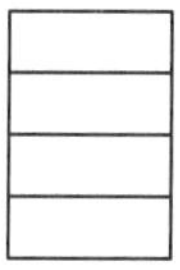

hinten

links

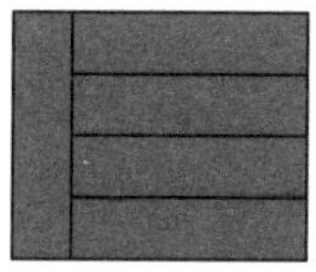

rechts

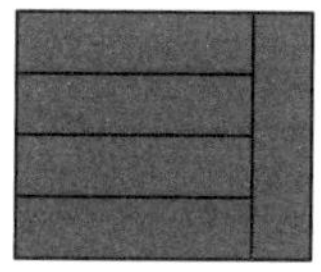

vorne

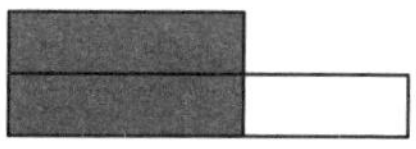

hinten

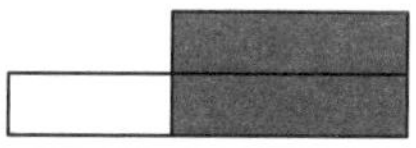

links

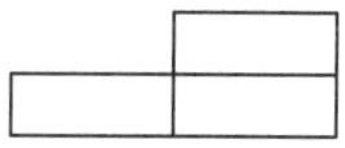

rechts

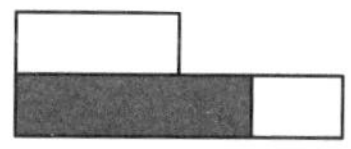

vorne

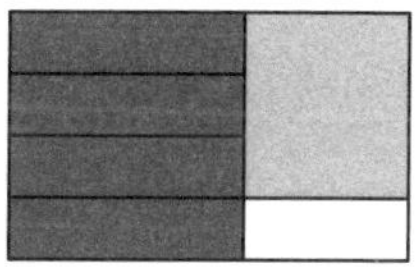

hinten

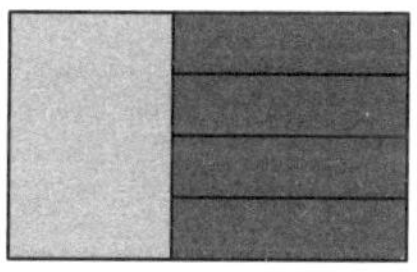

links

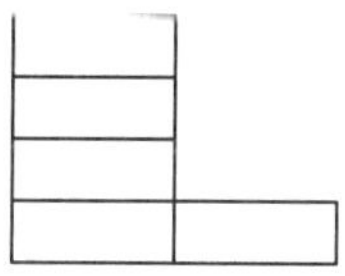

rechts

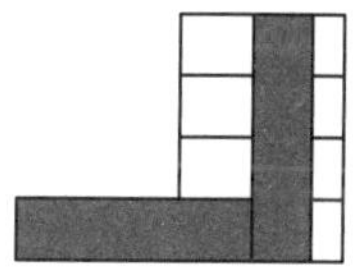

vorne

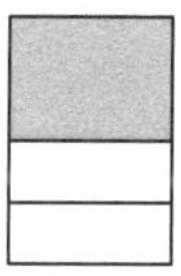

hinten

links

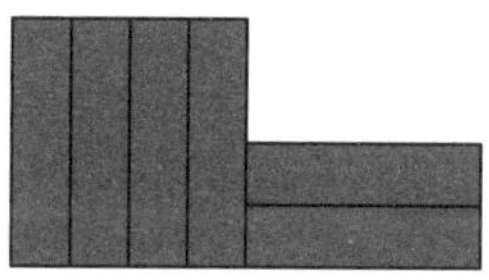

rechts

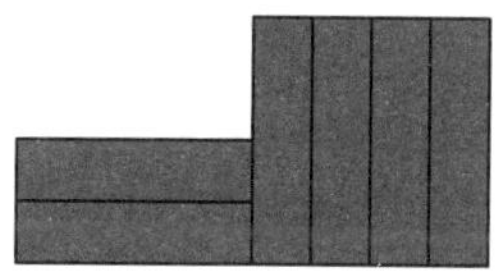

vorne

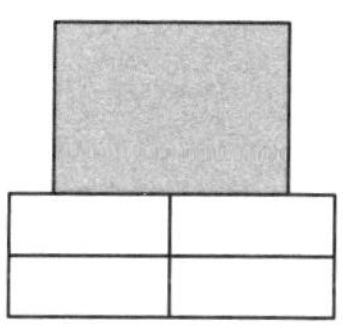

hinten

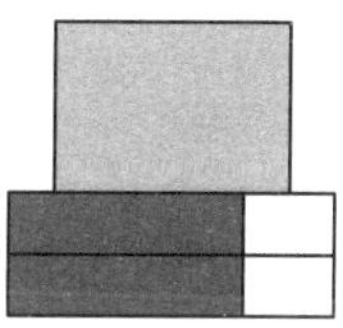

links

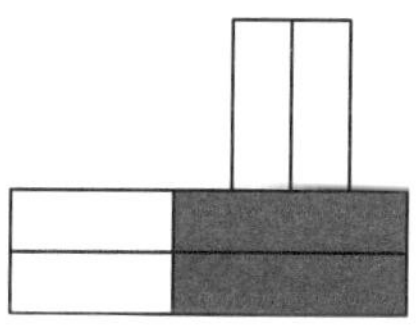

rechts

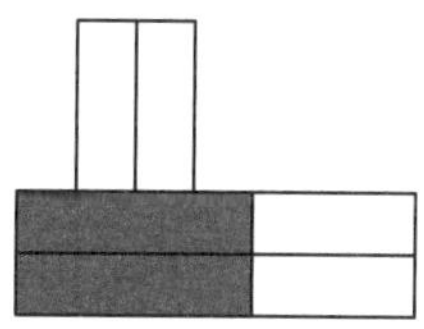

vorne

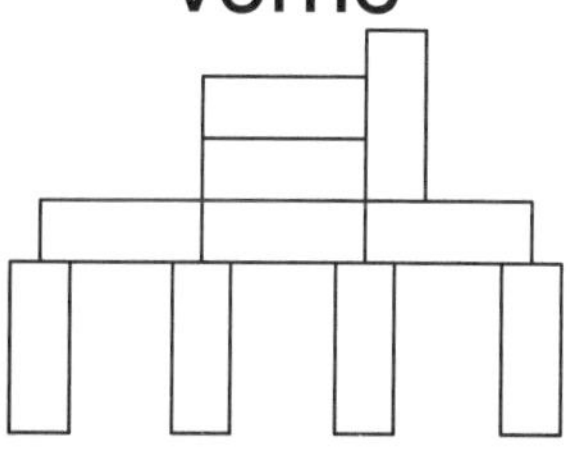

hinten

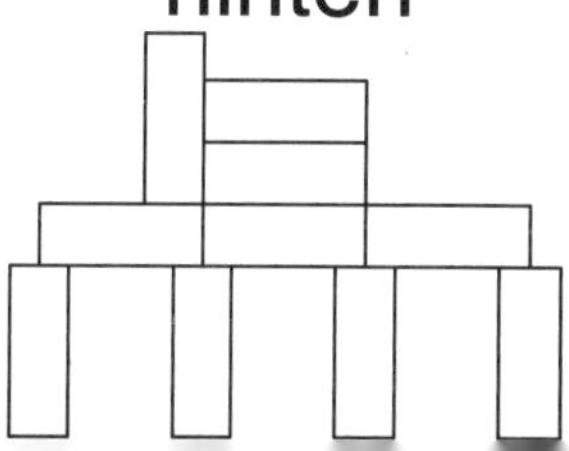

links

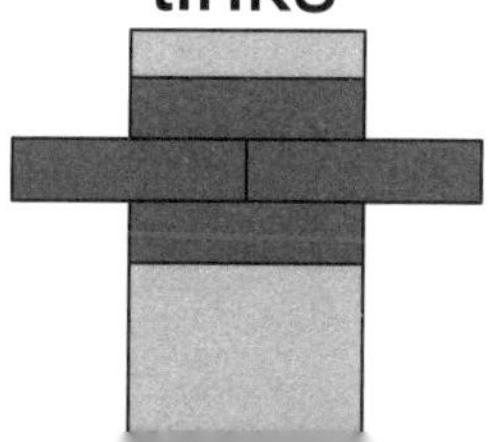

rechts

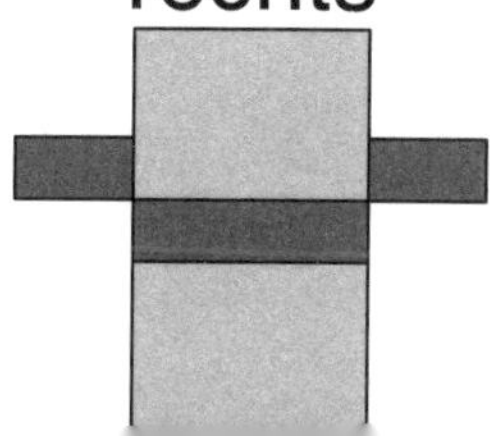

Name:

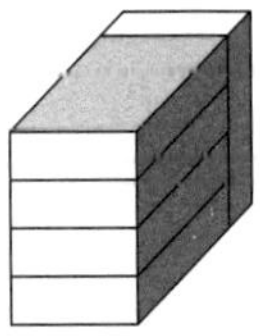

Name:

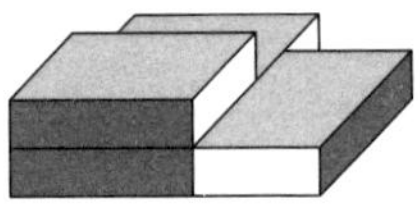

Name:

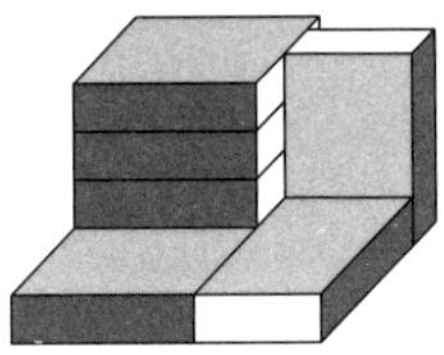

Name:

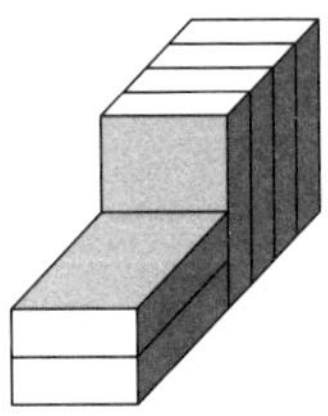

Name:

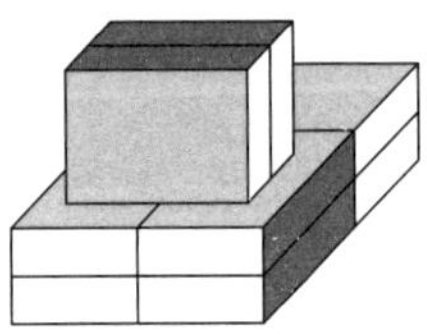

Name:

Zahlendomino

Zum Aufbewahren Kärtchen mit einem Gummiband zusammenhalten!

Start

zweiunddreißig

vierundfünfzig

dreiundzwanzig

fünfundneunzig

zwölf

sechsundsiebzig

vierzig

fünfundvierzig

einundneunzig

siebenundsechzig

achtundvierzig

siebzig

zweiundfünfzig

neunzehn

dreiundvierzig

vierundachtzig

achtundfünfzig

vierunddreißig

fünfundachtzig

fünfundzwanzig

Du kannst die Kärtchen in deine Mathebox geben. Beschrifte sie zuvor mit deinem abgekürzten Namen.
Wiederhole sie regelmäßig.

Name:	Name:	Name:
Name:	Name:	Name:
Name:	Name:	Name:
Name:	Name:	Name:
Name:	Name:	Name:
Name:	Name:	Name:
Name:	Name:	Name:

100er-Schlange und 100er-Tafel (Spiele für 2 bis 5 Kinder)

Kopiere vor dem Ausschneiden die leere 100er-Tafel auf der Rückseite dieser Kärtchen.

1 **100er-Schlange**
Schneidet die Kärtchen aus. Spielt mit einem Satz Kärtchen. Mischt die Kärtchen und verteilt sie gleichmäßig an alle – Rückseite nach oben. Dann dreht eure Kärtchen um und legt sie zu einer 100er-Schlange. Das Kind, welches das Kärtchen 1 hat, beginnt. Dann darf jedes Kind der Reihe nach ein passendes Zahlkärtchen dazulegen. Hat ein Kind kein passendes Kärtchen, setzt es aus.
Wer hat zuerst alle Kärtchen abgelegt?

1 2 3 4 6 7 8 9 10 11 12 13 14

2 **100er-Tafel**
Statt der 100er-Schlange legt ihr die Kärtchen auf die kopierte leere 100er-Tafel. Zu jedem abgelegten Kärtchen darf ein Nachbar aus der 100er-Tafel gelegt werden.

1	2	3	4	5		7
				15	16	17
					26	
				35	36	

Hebt die Zahlkärtchen in einer Schachtel auf.

1	2	3	4		6	7	8		
11	12	13	14		16	17	18		
21	22	23	24		26	27	28		
31	32	33	34		36	37	38		
41	42	43	44		46	47	48		
51	52	53	54		56	57	58		
61	62	63	64		66	67	68		
71	72	73	74		76	77	78		
81	82	83	84		86	87	88		
91	92	93	94		96	97	98		

Zuerst kopieren, dann ausschneiden!

Das > Spiel

28 + 7 = ■	39 + 5 = ■	17 + 4 = ■
45 + 9 = ■	53 + 8 = ■	62 + 9 = ■
74 + ■ = 82	86 + ■ = 93	■ + 3 = 52
■ + 6 = 64	>Spiel Verteilt die Kärtchen auf 2 Kinder. Jedes legt seine Kärtchen zu einem Stapel. Beide Kinder legen vom Stapel das oberste Kärtchen auf den Tisch. Das Kärtchen mit der größeren Lösungszahl gewinnt. Das Kind, dem dieses Kärtchen gehört darf beide Kärtchen unter seinen Stapel legen. Wer hat zum Schluss die meisten Kärtchen?	91 − 5 = ■
23 − 7 = ■	32 − 3 = ■	84 − 9 = ■
46 − 7 = ■	78 − 9 = ■	57 − ■ = 49
65 − ■ = 58	■ − 6 = 36	■ − 7 = 27

21

44

35

71

61

54

49

7

8

86

Du kannst die Kärtchen in deine Mathebox geben. Beschrifte sie zuvor mit deinem abgekürzten Namen. Wiederhole sie regelmäßig.

58

75

29

16

8

69

39

34

42

7

Lernen mit dem Finger-Einmaleins

Zu jeder Malaufgabe gehört eine Farbe.
Male die Kugeln, Finger und Aufgaben in dieser Farbe zart an.

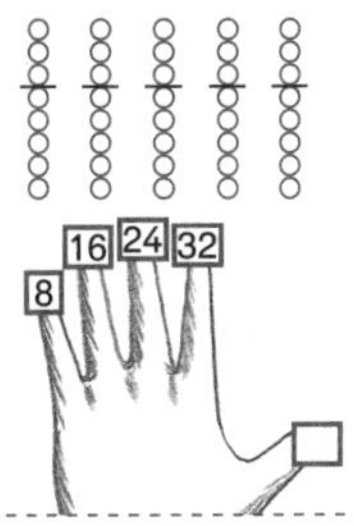

braun

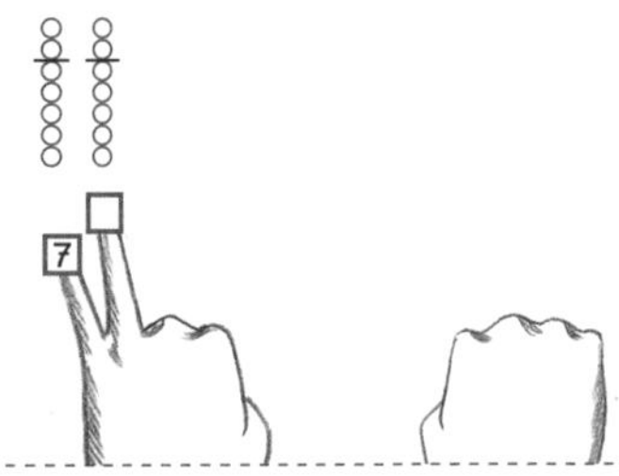

weiß

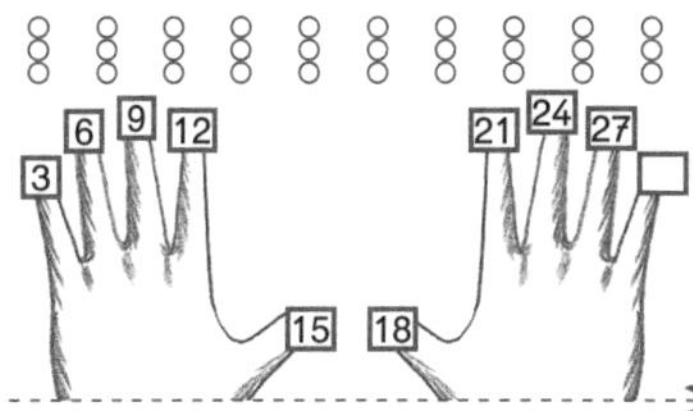

rosa

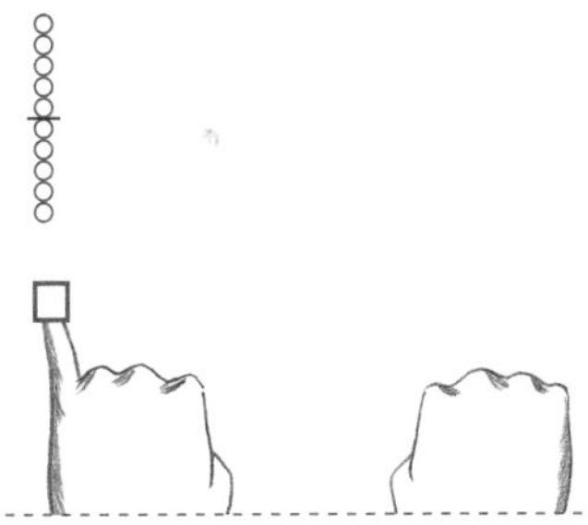

gold

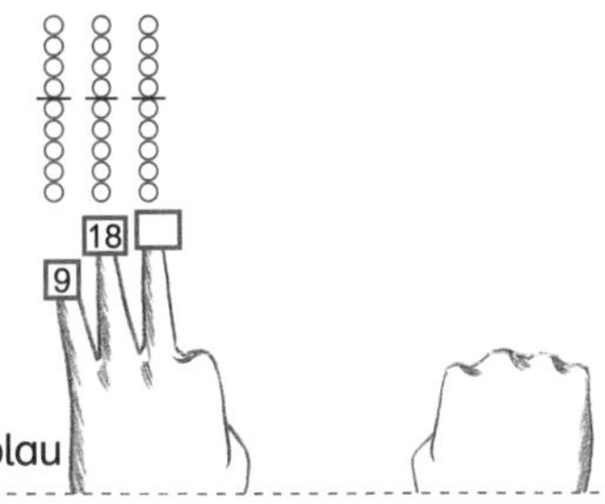

dunkelblau

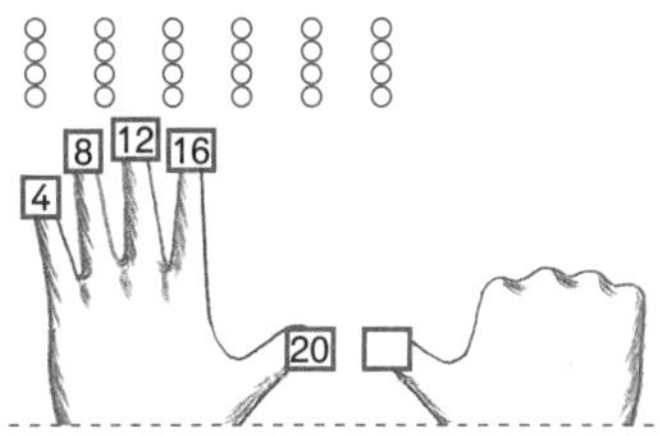

gelb

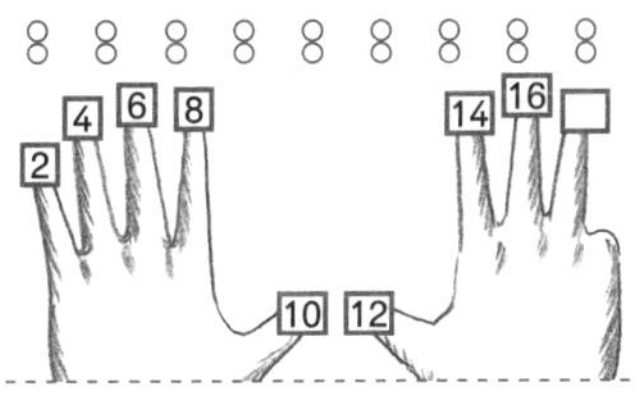

grün

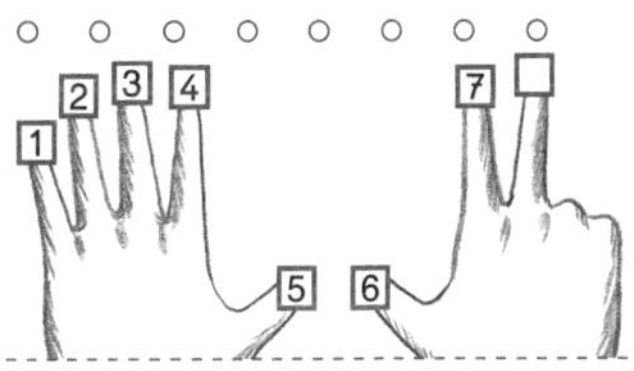

rot

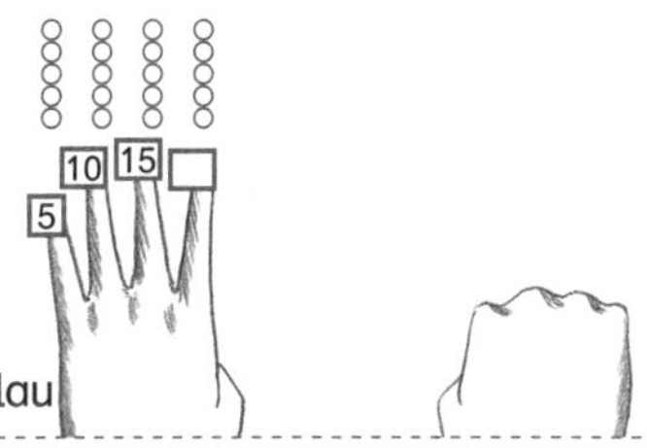

hellblau

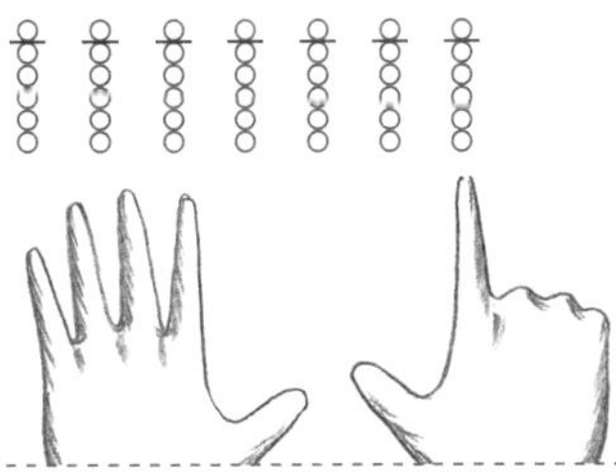

lila

0 · 2 = [redacted]

grün

1 · 2 = [redacted]

grün

2 · 2 = [redacted]

grün

3 · 2 = [redacted]

grün

4 · 2 = [redacted]

grün

5 · 2 = [redacted]

grün

6 · 2 = [redacted]

grün

7 · 2 = [redacted]

grün

8 · 2 = [redacted]

grün

9 · 2 = [redacted]

grün

10 · 2 = [redacted]

grün

Gib die Kärtchen in deine Mathebox. Beschrifte sie zuvor mit deinem abgekürzten Namen. Wiederhole sie regelmäßig.

Name:	Name:	Name:
$10 \cdot 3 = 30$ grün	$2 \cdot 7 = 14$ weiß	$5 \cdot 8 = 40$ braun
Name:	Name:	Name:
$6 \cdot 4 = 24$ gelb	$3 \cdot 9 = 27$ dunkelblau	$1 \cdot 10 = 10$ gold
Name:	Name:	Name:
$4 \cdot 5 = 20$ hellblau	$8 \cdot 1 = 8$ rot	$9 \cdot 2 = 18$ grün
Name:	Name:	Name:
$\boxed{2} : 2 =$ ■	$\boxed{0} : 2 =$ ■	$7 \cdot 6 = 42$ lila
Name:	Name:	Name:
$\boxed{8} : 2 =$ ■	$\boxed{6} : 2 =$ ■	$\boxed{4} : 2 =$ ■
Name:	Name:	Name:
$\boxed{14} : 2 =$ ■	$\boxed{12} : 2 =$ ■	$\boxed{10} : 2 =$ ■
Name:	Name:	Name:
$\boxed{20} : 2 = 10$	$\boxed{18} : 2 =$ ■	$\boxed{16} : 2 =$ ■

Einmaleins-Bingo

Zu jeder Einmaleinsreihe gehört eine Farbe.
Male die Aufgaben in dieser Farbe an.

Name:

1 · 1 = [redacted]

rot

Name:

2 · 1 = [redacted]

rot

Name:

3 · 1 = [redacted]

rot

Name:

4 · 1 = [redacted]

rot

Name:

5 · 1 = [redacted]

rot

Name:

6 · 1 = [redacted]

rot

Name:

7 · 1 = [redacted]

rot

Name:

8 · 1 = [redacted]

rot

Name:

9 · 1 = [redacted]

rot

Name:

10 · 1 = [redacted]

rot

Bingo (für 2 oder mehr Kinder)
Mischt die Kärtchen. Jedes Kind zieht abwechselnd ein Kärtchen. Es nennt das Ergebnis. Hat es 3 Kärtchen, deren Ergebnisse auf dem Bingoplan eine Reihe ergeben, ruft es „Bingo".

1	20	3
80	9	40
5	60	7

2	30	6
50	8	70
90	4	10

Name:

1 · 10 = [redacted]

gold

Name:

2 · 10 = [redacted]

gold

Name:

3 · 10 = [redacted]

gold

Name:

4 · 10 = [redacted]

gold

Name:

5 · 10 = [redacted]

gold

Name:

6 · 10 = [redacted]

gold

Name:

7 · 10 = [redacted]

gold

Name:

8 · 10 = [redacted]

gold

Name:

9 · 10 = [redacted]

gold

Name:

10 · 10 = [redacted]

gold

Name:

3 : 1 = ■

Name:

2 : 1 = ■

Name:

1 : 1 = ■

Name:

6 : 1 = ■

Name:

5 : 1 = ■

Name:

4 : 1 = ■

Name:

9 : 1 = ■

Name:

8 : 1 = ■

Name:

7 : 1 = ■

Name:

10 : 10 = ■

Du kannst die Kärtchen in die Mathebox geben. Beschrifte sie zuvor mit deinem abgekürzten Namen. Wiederhole sie regelmäßig.

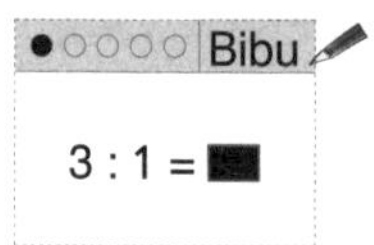

Name:

10 : 1 = ■

Name:

40 : 10 = ■

Name:

30 : 10 = ■

Name:

20 : 10 = ■

Name:

70 : 10 = ■

Name:

60 : 10 = ■

Name:

50 : 10 = ■

Name:

100 : 10 = ■

Name:

90 : 10 = ■

Name:

80 : 10 = ■

Lernen mit der Mathebox

Zu jeder Einmaleinsreihe gehört eine Farbe.
Male die Aufgaben in dieser Farbe an. Die eingerahmte Zahl verrät dir das Ergebnis der Aufgabe von der Rückseite.

0 · 5 = [redacted]
hellblau

1 · 5 = [redacted]
hellblau

2 · 5 = [redacted]
hellblau

3 · 5 = [redacted]
hellblau

4 · 5 = [redacted]
hellblau

5 · 5 = [redacted]
hellblau

6 · 5 = [redacted]
hellblau

7 · 5 = [redacted]
hellblau

8 · 5 = [redacted]
hellblau

9 · 5 = [redacted]
hellblau

10 · 5 = [redacted]
hellblau

8.[redacted] Uhr

8.[redacted] Uhr

8.[redacted] Uhr

8.[redacted] Uhr

8.[redacted] Uhr

8.[redacted] Uhr

8.[redacted] Uhr

8.[redacted] Uhr

8.[redacted] Uhr

8.[redacted] Uhr

Gib die Kärtchen in deine Mathebox. Beschrifte sie zuvor mit deinem abgekürzten Namen. Stelle die Uhrzeiten auch auf deiner Lernuhr ein. Wiederhole die Kärtchen regelmäßig.

Die eingerahmte Zahl verrät dir das Ergebnis der Aufgabe von der Vorderseite

Name:

10 : 5 = [redacted]

Name:

5 : 5 = 1

Name:

0 : 5 = 0

Name:

25 : 5 = [redacted]

Name:

20 : 5 = [redacted]

Name:

15 : 5 = [redacted]

Name:

40 : 5 = [redacted]

Name:

35 : 5 = [redacted]

Name:

30 : 5 = [redacted]

Name:

8.10
20.10

Name:

50 : 5 = [redacted]

Name:

45 : 5 = [redacted]

Name:

8.25
20.25

Name:

8.20
20.20

Name:

8.15
20.15

Name:

8.40
20.40

Name:

8.35
20.35

Name:

8.30
20.30

Name:

8.55
20.55

Name:

8.50
20.50

Name:

8.45
20.45

Quadratpaare

Male die Quadrataufgaben mit den richtigen Farben an.
Zum Aufbewahren Kärtchen mit einem Gummiband zusammenhalten.

Name:

1 • 1 = [redacted]

rot

Name:

2 • 2 = [redacted]

grün

Name:

3 • 3 = [redacted]

rosa

Name:

4 • 4 = [redacted]

gelb

Name:

5 • 5 = [redacted]

hellblau

Name:

6 • 6 = [redacted]

lila

Name:

7 • 7 = [redacted]

weiß

Name:

8 • 8 = [redacted]

braun

Name:

9 • 9 = [redacted]

dunkelblau

Name:

10 • 10 = [redacted]

orange

Name:

Quadratpaare
(Ein Spiel für 2 oder mehr Kinder)
Verteilt die Kärtchen mit der Rückseite nach oben auf dem Tisch.
Spielt nach den Memory-Regeln.

Name:

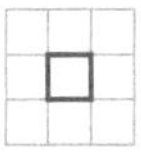

rot

1

Name:

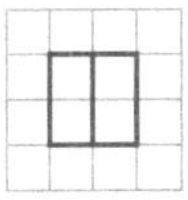

grün

4

Name:

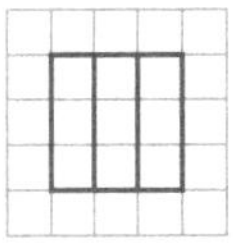

rosa

9

Name:

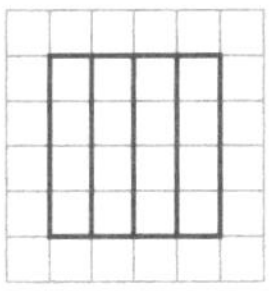

gelb

16

Name:

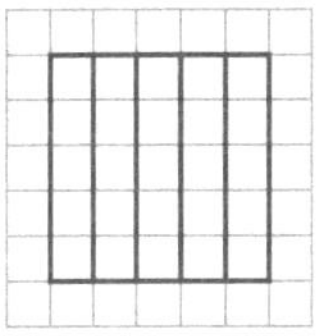

hellblau

25

Name:

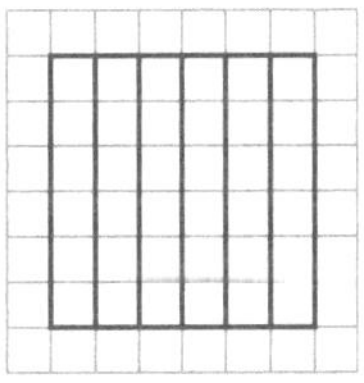

lila

36

Name:

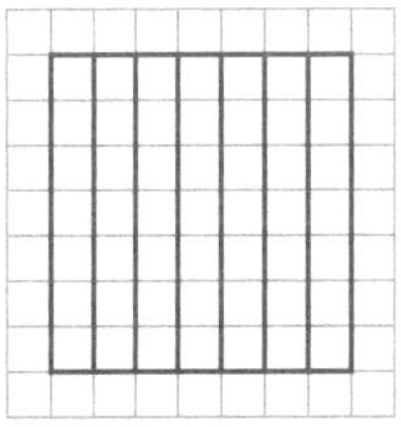

weiß

49

Name:

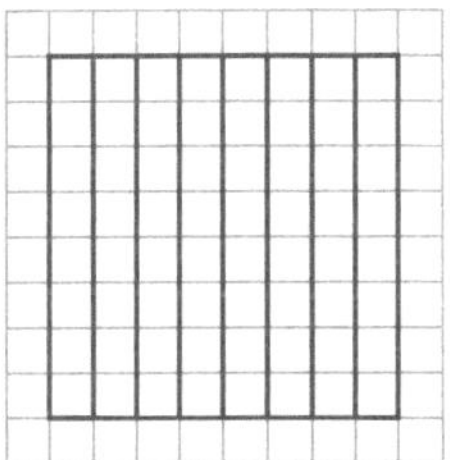

braun

64

Name:

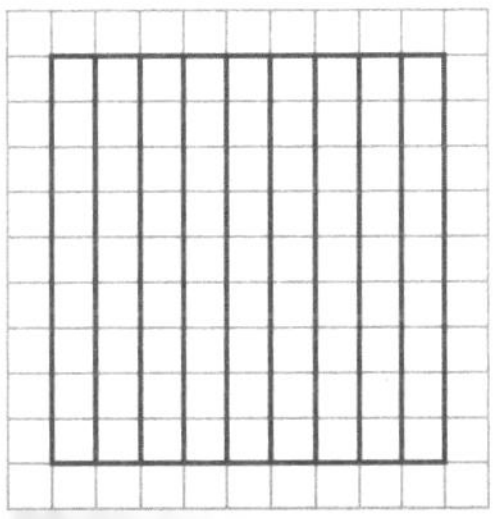

dunkelblau

81

Name:

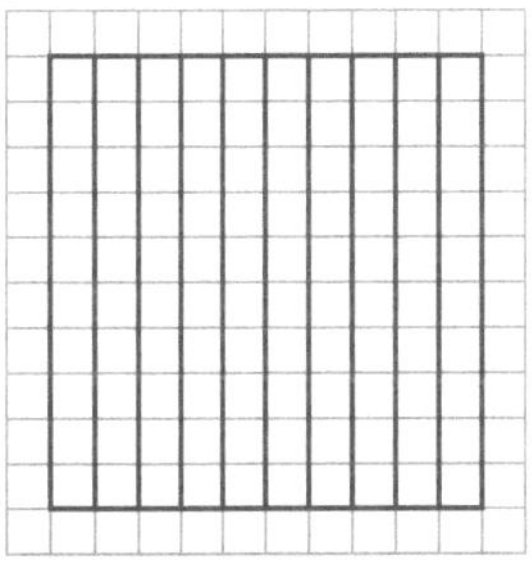

orange

100

vorne hinten vorne hinten

Du kannst die Kärtchen auch in deine Mathebox geben. Beschrifte sie zuvor mit deinem abgekürzten Namen. Schreibe auf die Rückseite der Kärtchen das passende Ergebnis oder die passende Quadrataufgabe:

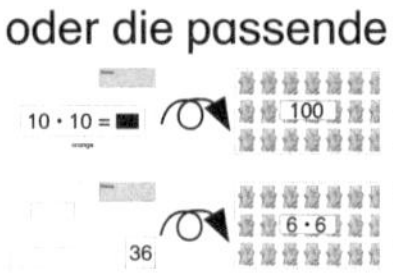

Zum Aufbewahren Kärtchen mit einem Gummiband zusammenhalten!

Lernen mit der Mathebox

Name:	Name:	Name:
12 + 63 = [redacted]	87 – 36 = [redacted]	34 + [redacted] = 57
Name:	Name:	Name:
96 – [redacted] = 61	[redacted] + 47 = 78	[redacted] – 23 = 41
Name:	Name:	Name:
25 + 36 = [redacted]	83 – 54 = [redacted]	38 + [redacted] = 52
Name:		Name:
[redacted] + 47 = 81	**Kofferpacken** (ein Spiel für viele Kinder) Jedes Kind erhält ein Kärtchen. Das erste Kind nennt seine Aufgabe mit der Lösung. Das zweite Kind wiederholt diese Aufgabe. Dann nennt es seine Aufgabe mit der Lösung. Das 3. Kind wiederholt beide Aufgaben. Dann nennt es …	[redacted] – 63 = 28
Name:	Name:	Name:
45 + 19 = [redacted]	62 – 39 = [redacted]	28 + [redacted] = 57
Name:	Name:	Name:
[redacted] + 28 = 74	86 – [redacted] = 27	[redacted] – 39 = 26
Name:	Name:	Name:
Vergrößere die Zahl 46 um 27. Welche Zahl erhältst du?	Verkleinere die Zahl 81 um 59. Welche Zahl erhältst du?	Ziehe 35 von der Zahl 62 ab. Welche Zahl erhältst du?

23	51	7
64	31	3
14	29	6
91	Gib die Kärtchen in deine Mathebox. Wiederhole sie regelmäßig.	3
29	23	6
65	59	4
62 – 35 = 27	81 – 59 = 22	46 + 27 = 73

Einmaleins-Rad

Schneide die Scheiben aus. Schneide in die Mitte jeweils ein kleines Loch.
Lege die Scheiben so aufeinander:

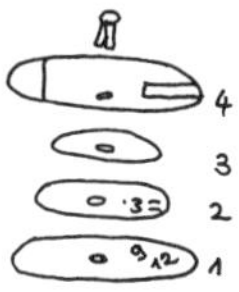

Verbinde sie mit einer Musterklammer.
Die unterste Scheibe kannst du auswechseln.
So kannst du verschiedene Einmaleinsreihen üben.
Male die Scheiben in den angegebenen Farben aus.

Wechselscheibe

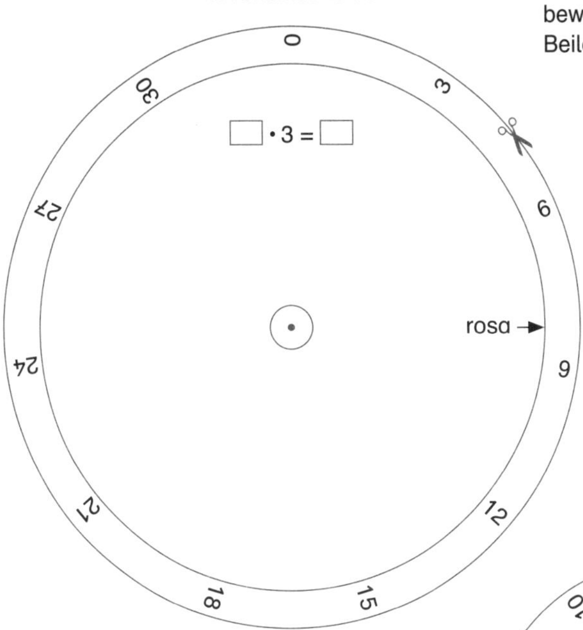

1

Du kannst die Scheiben besser bewegen, wenn du dazwischen Beilagscheiben legst!

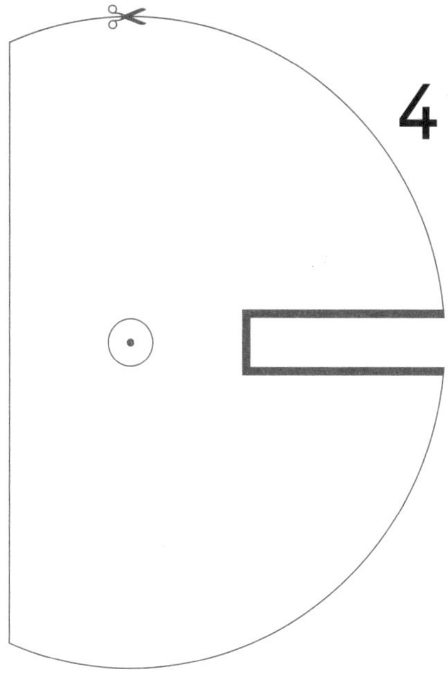

4

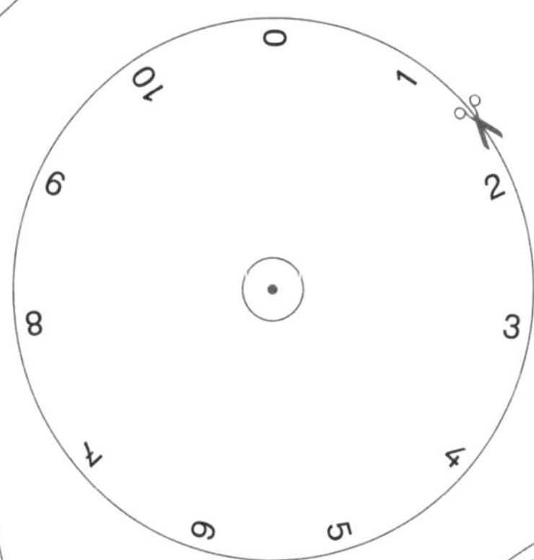

3

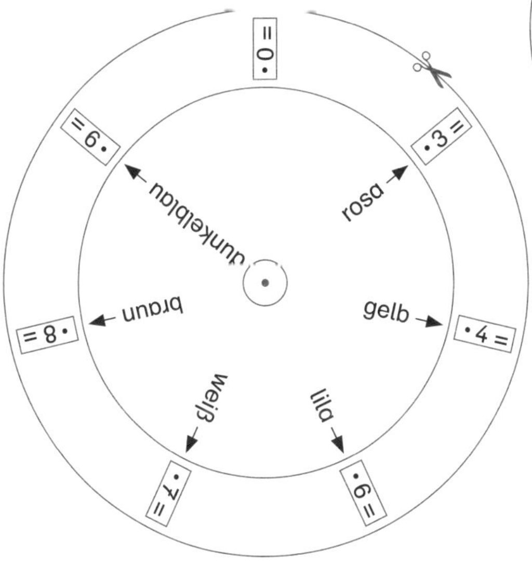

2

Wechselscheibe

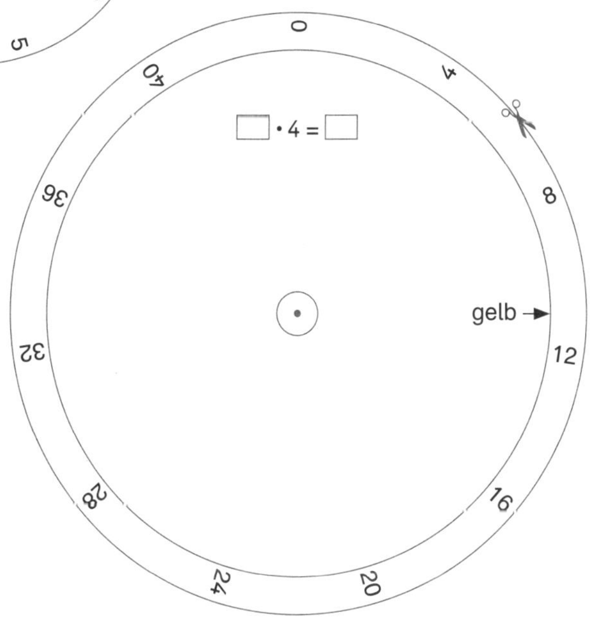

0 · 3
1 · 3
2 · 3
3 · 3
4 · 3
5 · 3
6 · 3
7 · 3
8 · 3
9 · 3
10 · 3

Name

0 · 4
1 · 4
2 · 4
3 · 4
4 · 4
5 · 4
6 · 4
7 · 4
8 · 4
9 · 4
10 · 4

Name

Wechselscheiben zum Einmaleins-Rad

Du kannst dein Einmaleins-Rad im Mathebuch aufbewahren.

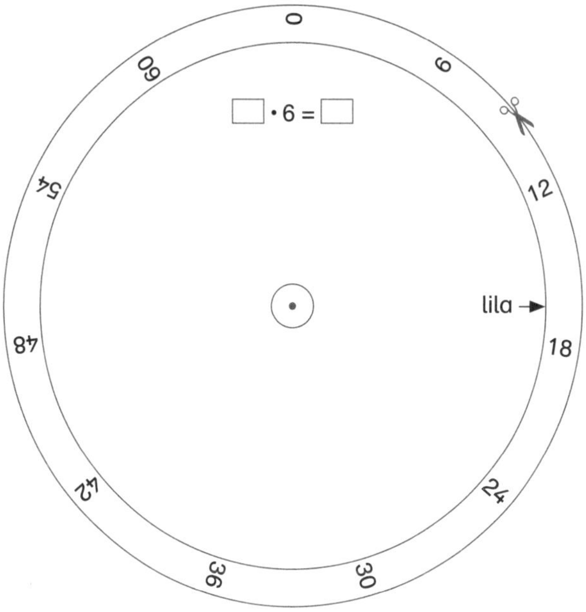

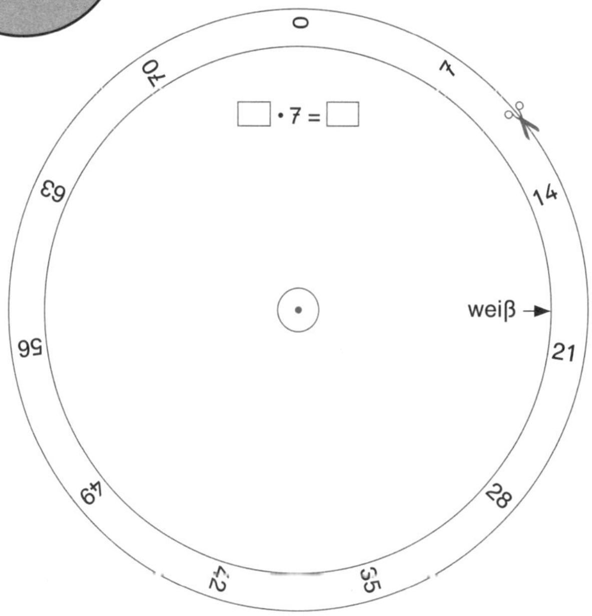

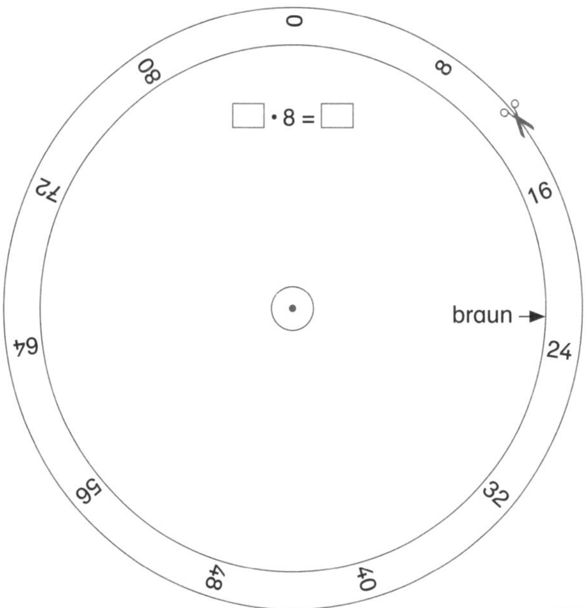

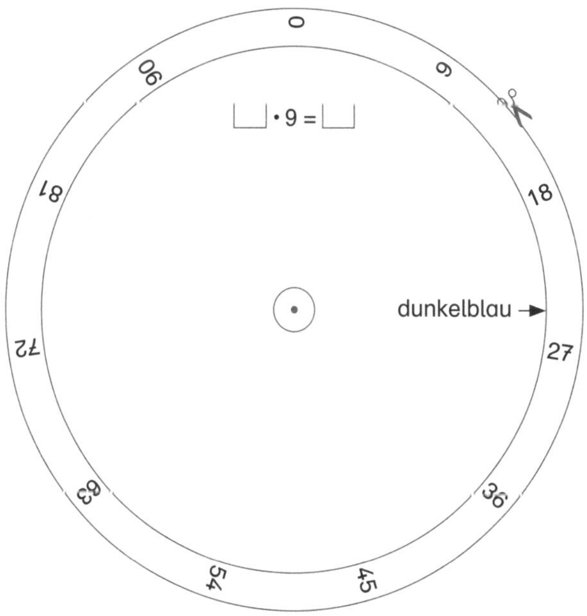

Name

0 • 9
1 • 9
2 • 9
3 • 9
4 • 9
5 • 9
6 • 9
7 • 9
8 • 9
9 • 9
10 • 9

Name

0 • 7
1 • 7
2 • 7
3 • 7
4 • 7
5 • 7
6 • 7
7 • 7
8 • 7
9 • 7
10 • 7

Name

0 • 8
1 • 8
2 • 8
3 • 8
4 • 8
5 • 8
6 • 8
7 • 8
8 • 8
9 • 8
10 • 8

Name

0 • 6
1 • 6
2 • 6
3 • 6
4 • 6
5 • 6
6 • 6
7 • 6
8 • 6
9 • 6
10 • 6

Uhrenbingo

12.10	15 min	11.25
30 min	1.20	25 min
10.15	2 h	2.35

Uhren-Bingo (ein Spiel für 2 und mehr Kinder)

Legt die Kärtchen mit den Uhren nach oben auf einen Stapel.
Zieht abwechselnd jeweils ein Kärtchen.
Wer zuerst 3 Kärtchen aus einer Reihe hat ruft: „Bingo!“ Erst dann hat man gewonnen.

20 min	9.30	10 min
6.05	1 h 30 min	4.40
3 h	3.45	35 min

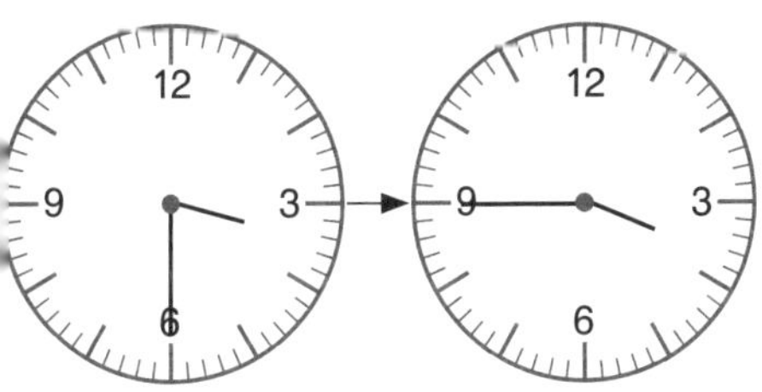
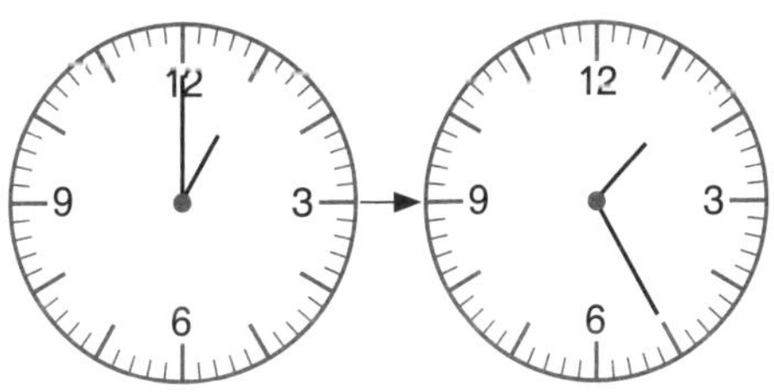
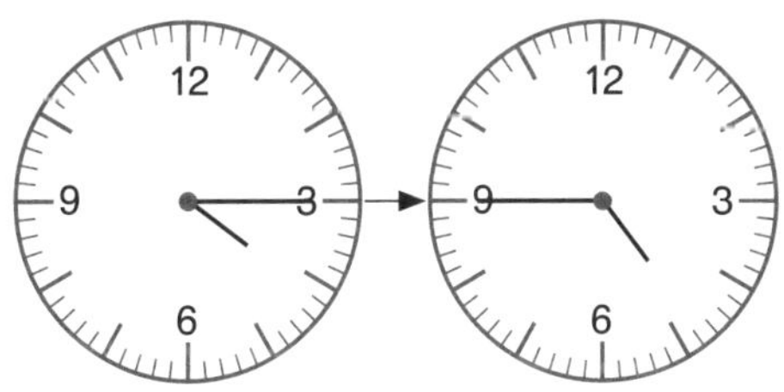
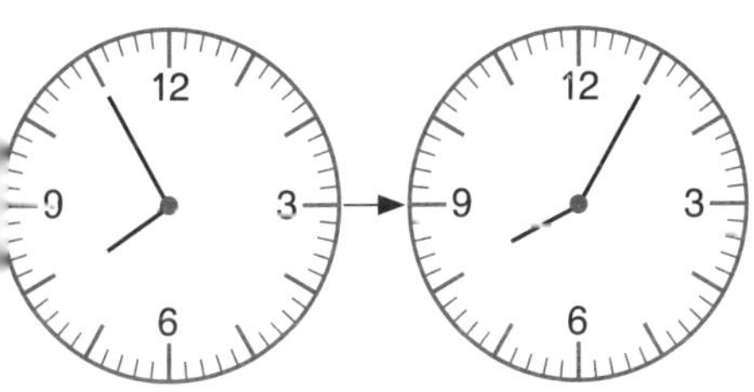
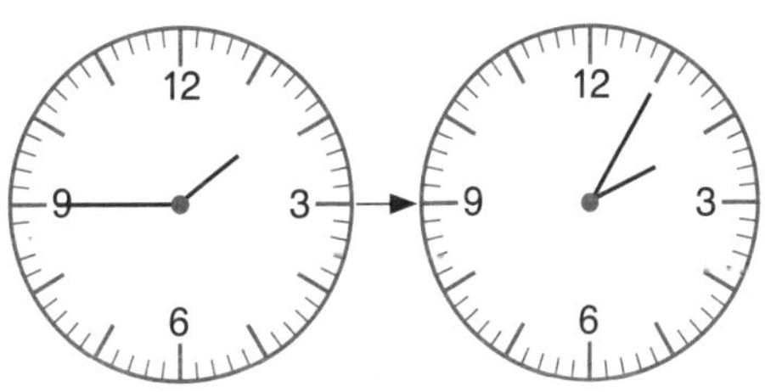
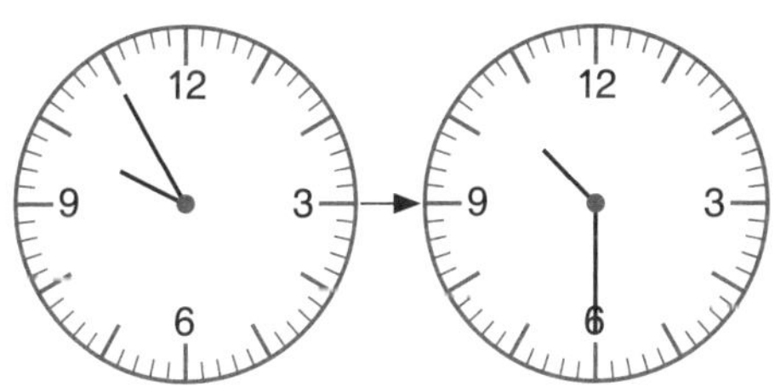
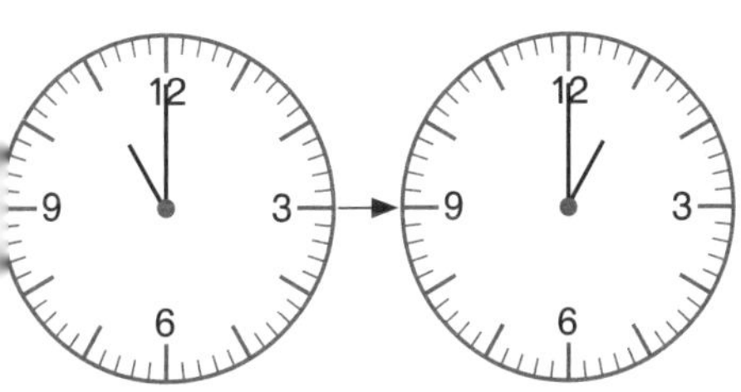
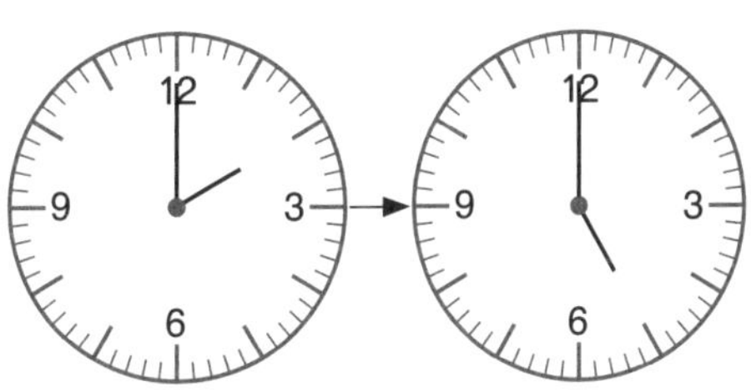
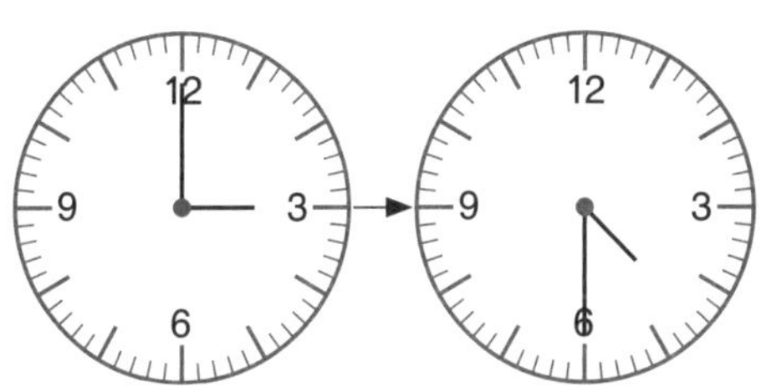

Name:

3.45

15.45

viertel vor 4 Uhr
dreiviertel 4

Name:

9.30

21.30

halb 10

Name:

10.15

22.15

viertel nach 10

Name:

1.20

13.20

10 Minuten vor halb 2

Name:

12.10

0.10

10 Minuten nach 12

Name:

6.05

18.05

5 Minuten nach 6

Name:

4.40

16.40

20 Minuten vor 5

Name:

2.35

14.35

5 Minuten nach halb 3

Name:

11.25

23.25

5 Minuten vor halb 12

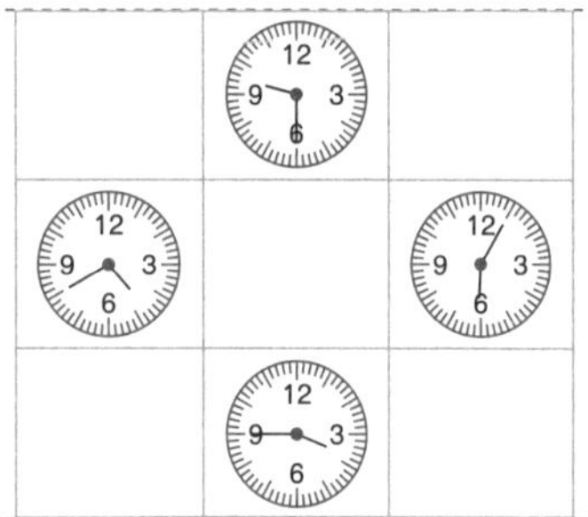

Du kannst die Kärtchen in deine Mathebox geben. Beschrifte sie zuvor mit deinem abgekürzten Namen. Wiederhole sie regelmäßig.
Zum Aufbewahren Kärtchen mit einem Gummiband zusammenhalten!

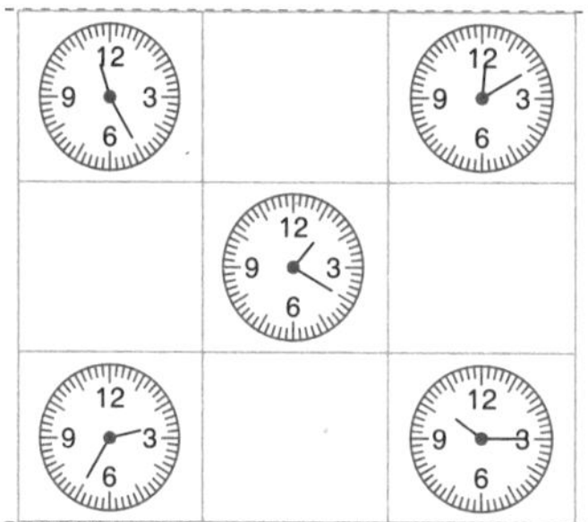

Name:

4.15 —**+ 30 min**→ 4.45

Name:

1.00 —**+ 25 min**→ 1.25

Name:

3.30 —**+ 15 min**→ 3.45

Name:

9.55 —+ 5 min→ 10.00 —+ 30 min→ 10.30

+ 35 min

Name:

1.45 —+ 15 min→ 2.00 —+ 5 min→ 2.05

+ 20 min

Name:

7.55 —+ 5 min→ 8.00 —+ 5 min→ 8.05

+ 10 min

Name:

3.00 —+ 1 h→ 4.00 —+ 30 min→ 4.30

1 h 30 min

Name:

2.00 —**+ 3 h**→ 5.00

Name:

11.00 —**+ 2 h**→ 13.00

Märchenhafte Rechengeschichten

Erfinde selbst Rechengeschichten und schreibe sie auf Kärtchen.

Schneewittchen floh vor der bösen Stiefmutter zu den sieben Zwergen.
Dort sah sie auf einem weiß gedeckten Tisch 7 Tellerlein. Auf jedem Teller lagen 5 Nüsslein.
Wie viele Nüsse waren das zusammen?

Schneewittchen spülte für die Zwerge Geschirr: 7 Tellerchen und 14 Löffelchen.
Wie viele Teile musste Schneewittchen spülen?

Schneewittchen fand im Wald für die 7 Zwerge 49 Erdbeeren. Sie verteilte diese gerecht auf deren Tellerchen.
Wie viele Erdbeeren bekam jeder Zwerg?

Schneewittchen fand im Wald 80 Himbeeren. 24 Himbeeren aß Schneewittchen gleich auf.
Wie viele Himbeeren blieben für die Zwerge übrig?

Die 7 Zwerge aßen zusammen 14 Kartöffelchen. Für Schneewittchen blieben 5 Kartöffelchen übrig.
Wie viele Kartoffeln hatte Schneewittchen zubereitet?

Eines Tages sammelte Schneewittchen Pfifferlinge. Sie fand zuerst nur 8 Pfifferlinge. Für das Abendessen brauchte es aber 100 Pfifferlinge.
Wie viele Pfifferlinge musste Schneewittchen noch suchen?

Eines Tages kam die böse Stiefmutter.
Sie steckte Schneewittchen einen vergifteten Kamm ins Haar. Um 17.30 Uhr fiel Schneewittchen wie tot um.
Um 18.00 Uhr kamen die Zwerge.
Da erwachte Schneewittchen.
Wie lange war es bewusstlos gelegen?

Schneewittchen biss in einen vergifteten Apfel. Es fiel wie tot um. Die Zwerge bauten für Schneewittchen einen gläsernen Sarg. Er war 1 m 70 cm lang, also 15 cm länger als Schneewittchen.
Wie groß war Schneewittchen?

Ein Prinz errettete Schneewittchen und nahm es zu seiner Frau. Er ließ aus seinem Keller 20 Flaschen erlesene Weine holen. Jede Flasche reichte für 5 Gläser Wein.
Wie viele Gläser Wein konnten ausgeschenkt werden?

Aschenputtel musste für seine Stiefmutter und seine Stiefschwestern von früh um 5 Uhr bis nachts um 23 Uhr arbeiten.
Wie viele Stunden musste Aschenputtel arbeiten?

Es begab sich, dass der König ein Fest feierte, das 48 Stunden dauern sollte.
Wie viele Tage sollte das Fest dauern?

Zum Fest des Königs wurden die schönsten Jungfrauen des Landes geladen, damit sich der Königssohn eine Braut aussuchen konnte. Insgesamt kamen 64 Jungfrauen. Sie wurden auf 8 Tische verteilt.
Wie viele Jungfrauen saßen an jedem Tisch?

Aschenputtel wollte zum Fest des Königs. Ihr Kleid war mit 46 roten und 54 blauen Edelsteinen bestickt.
Wie viele Edelsteine schmückten das Kleid?

Der Königssohn sah Aschenputtel um 17.30 Uhr und tanzte nur mit ihm.
6 Stunden später musste Aschenputtel nach Hause gehen.
Um wie viel Uhr musste Aschenputtel nach Hause gehen?

Um 23.45 Uhr war Aschenputtel vom Königsball nach Hause gekommen.
Um 5 Uhr musste es aufstehen und Feuer machen.
Wie lang konnte Aschenputtel schlafen?

Der Königssohn suchte eine Gemahlin, deren Fuß in den Schuh passte. Der Fuß von Aschenputtels Stiefschwester war 21 cm lang und somit 4 cm zu lang für den Schuh.
Wie lang war der Schuh?

Der Königssohn wollte Aschenputtel zur Frau nehmen. In 35 Tagen sollte die Hochzeit sein.
Wie viele Wochen musste Aschenputtel warten, bis es den Prinzen heiraten durfte?

Zur Hochzeit schenkte der Prinz Aschenputtel für jeden Finger 3 Ringe.
Wie viele Ringe waren das zusammen?

In Aschenputtels Schloss lebten 66 Diener und 33 Dienerinnen.
Wie viele Diener und Dienerinnen lebten insgesamt im Schloss?

Der Prinz besaß 100 Pferde. Davon waren 25 Pferde weiß, die restlichen Pferde waren schwarz.
Wie viele schwarze Pferde besaß der Prinz?

Aschenputtel heiratete im Februar.
10 Monate später bekam es sein erstes Kind.
In welchem Monat wurde das Kind geboren?

Gib die Kärtchen in deine Mathebox. Beschrifte sie zuvor mit deinem abgekürzten Namen.
Wiederhole die Kärtchen regelmäßig.

Name:

R: $49 : 7 = \boxed{7}$

A: 7 Erdbeeren bekam jeder Zwerg.

Name:

R: $7 + 14 = \boxed{21}$

A: 21 Teile musste Schneewittchen spülen.

Name:

R: $7 \cdot 5 = \boxed{35}$

A: 35 Nüsse waren das zusammen.

Name:

R: $8 + \boxed{92} = 100$ oder $100 - 8 = \boxed{92}$

A: 92 Pfifferlinge musste Schneewittchen noch suchen.

Name:

R: $\boxed{19} - 14 = 5$ oder $14 + 5 = \boxed{19}$

A: 19 Kartoffeln hatte Schneewittchen zubereitet.

Name:

R: $80 - 24 = \boxed{56}$

A: 56 Himbeeren blieben für die Zwerge übrig.

Name:

R: $20 \cdot 5 = \boxed{100}$

A: 100 Gläser von dem erlesenen Wein konnten ausgeschenkt werden.

Name:

R: 1 m 70 cm – 15 cm = $\boxed{\text{1 m 55 cm}}$

A: 1 m 55 cm groß war Schneewittchen.

Name:

R: $17.30 \xrightarrow{\boxed{+\,30\text{ min}}} 18.00$

A: 30 Minuten lang war es bewusstlos gelegen.

Name:

R: $64 : 8 = \boxed{8}$

A: 8 Jungfrauen saßen an jedem Tisch.

Name:

R: 24 h + 24 h = 48 h oder
$\boxed{2} \cdot$ 24 h = 48 h

A: 2 Tage sollte das Fest dauern.

Name:

R: $5.00 \xrightarrow{\boxed{+\,18\text{ h}}} 23.00$

A: 18 Stunden lang musste Aschenputtel arbeiten.

Name:

R: $23.45 \xrightarrow{+\,15\text{ min}} 24.00 \xrightarrow{+\,5\text{ h}} 5.00$
$23.45 \xrightarrow[+\,5\text{ h }15\text{ min}]{} 5.00$

A: 5 Stunden und 15 Minuten lang konnte Aschenputtel schlafen.

Name:

R: $17.30 \xrightarrow{+\,6\text{ h}} \boxed{23.30}$

A: Um 23.30 Uhr musste Aschenputtel nach Hause gehen.

Name:

R: $46 + 54 = \boxed{100}$

A: 100 Edelsteine schmückten das Kleid.

Name:

R: $10 \cdot 3 = \boxed{30}$

A: 30 Ringe waren das zusammen.

Name:

R: $35 : 7 = \boxed{5}$

A: 5 Wochen lang musste Aschenputtel warten, bis es den Prinzen heiraten durfte.

Name:

R: 21 cm – 4 cm = $\boxed{\text{17 cm}}$

A: 17 cm lang war der Schuh.

Name:

Der Februar ist der 2. Monat im Jahr:
R: $2 + 10 = 12$
Der 12. Monat im Jahr ist der Dezember.

A: Im Dezember wurde das Kind geboren.

Name:

R: $100 - 25 = \boxed{75}$ oder
$25 + 75 = 100$

A: 75 schwarze Pferde besaß der Prinz.

Name:

R: $66 + 33 = \boxed{99}$

A: 99 Diener und Dienerinnnen lebten im Schloss.

Dreieck-Puzzle: Meine Mathebegriffe

Schneide ✂ die Dreiecke aus.
Ordne die Dreiecke so, dass jeweils zwei zueinander passende Begriffe aneinander stoßen.
Achtung: Manchmal gibt es keinen Begriff, der passt.

Du kannst die Puzzleteile in einem Briefumschlag aufheben oder in dein Matheheft kleben.

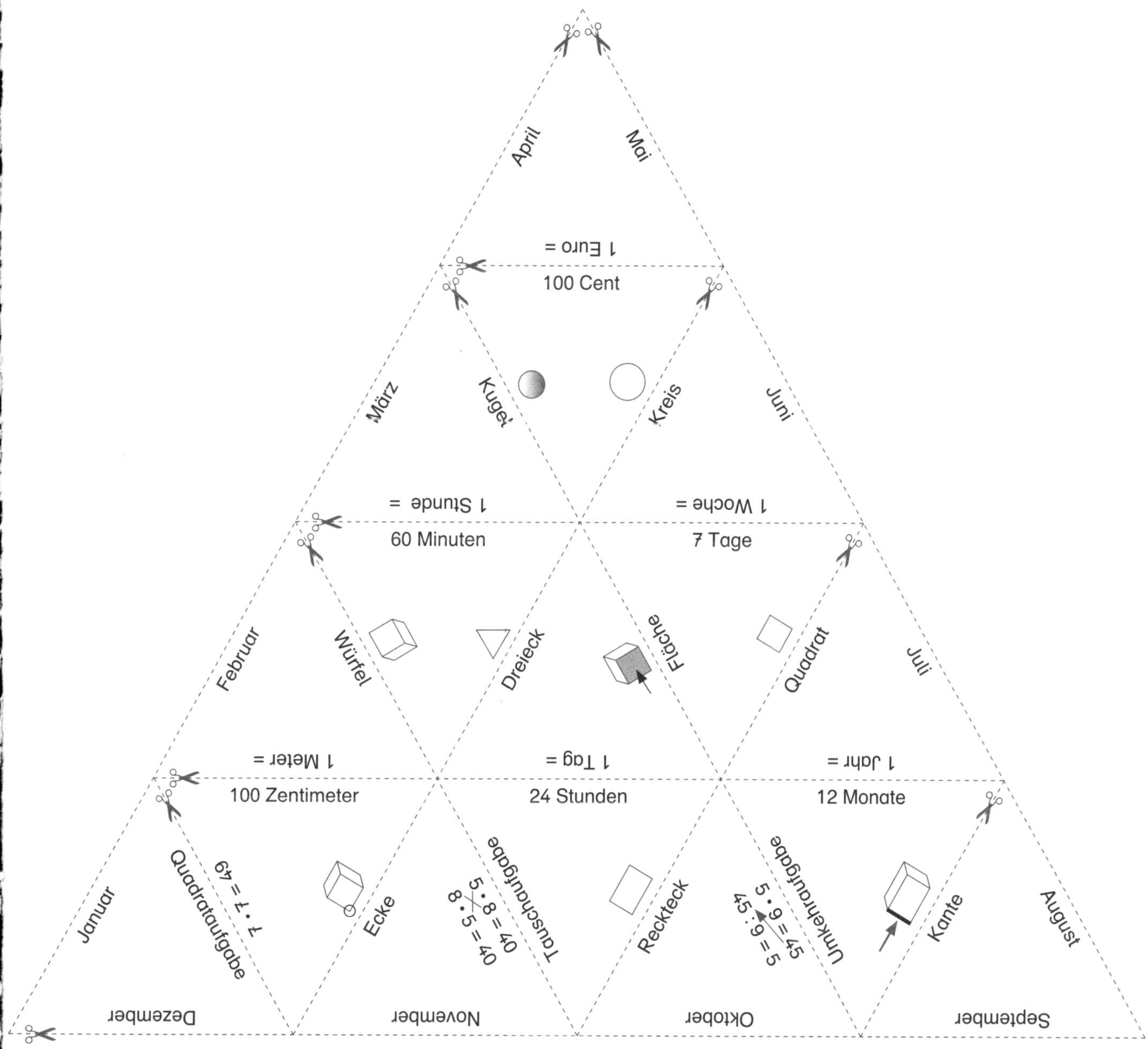